JN014369
今すぐ使える
かんたん
ぜったいデキます!
インターネット
&
メール
超入門
Windows10 対応版
改訂2版
技術評論社

▶この本の特徴

1 ぜったいデキます!

操作手順を省略しません！

解説を一切省略していないので、
途中でわからなくなることがありません！

あれもこれもと詰め込みません！

操作や知識を盛り込みすぎていないので、
スラスラ学習できます！

なんどもくり返し解説します！

一度やった操作もくり返し説明するので、
忘れてしまってもまた思い出せます！

2 文字が大きい

たとえばこんなに違います。

大きな文字で 読みやすい	大きな文字で 読みやすい	大きな文字で 読みやすい
ふつうの本	見やすいといわれている本	この本

専門用語は絵で解説

大事な操作は言葉だけではなく絵でも理解できます。

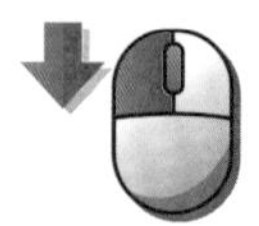

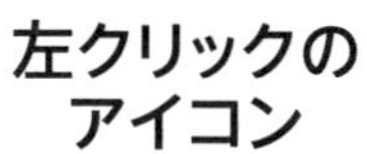

左クリックの
アイコン

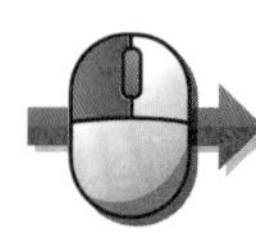

ドラッグの
アイコン

入力の
アイコン

Enterキーのアイコン

オールカラー

2色よりもやっぱりカラー。

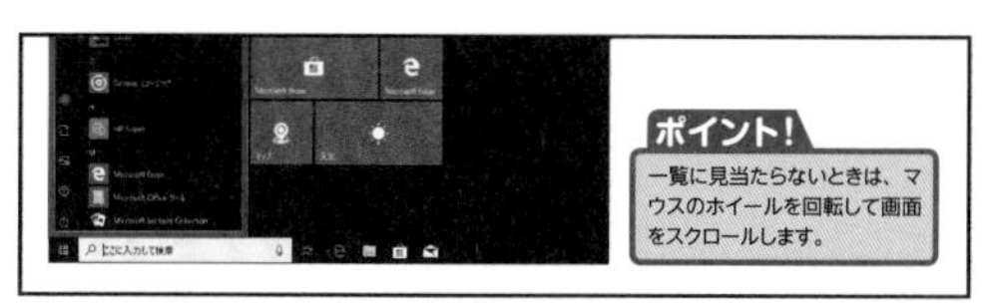

2色

カラー

CONTENTS

1 パソコンの基本操作を覚えよう

2 インターネットの基本を知ろう

3 ホームページを楽しもう

4 インターネットのサービスを利用しよう

5 インターネットで検索をしよう

6 インターネットを便利に活用しよう

7 メールを利用しよう

8 メールをもっと便利に活用しよう

付録 よくある困った!を解決したい

第1章

1 パソコンの基本操作を覚えよう

この章で学ぶこと

- パソコンを起動できますか?
- パソコンのデスクトップを知っていますか?
- マウスの正しい使い方を知っていますか?
- スタートメニューを表示できますか?
- パソコンを終了できますか?

パソコンの電源を入れよう

パソコンの電源を入れることを起動といいます。電源ケーブルやマウス、キーボードなどが接続されているかを確認し、パソコンの電源ボタンを押します。

1 電源ボタンを押します

パソコンの電源ケーブルが接続されていることを確認します。
パソコンの電源ボタンを押します。

左のような画面が
表示されたら、

左クリックします。

左の画面のどこを左クリックしてもOKですよ！

2 パスワードを入力します

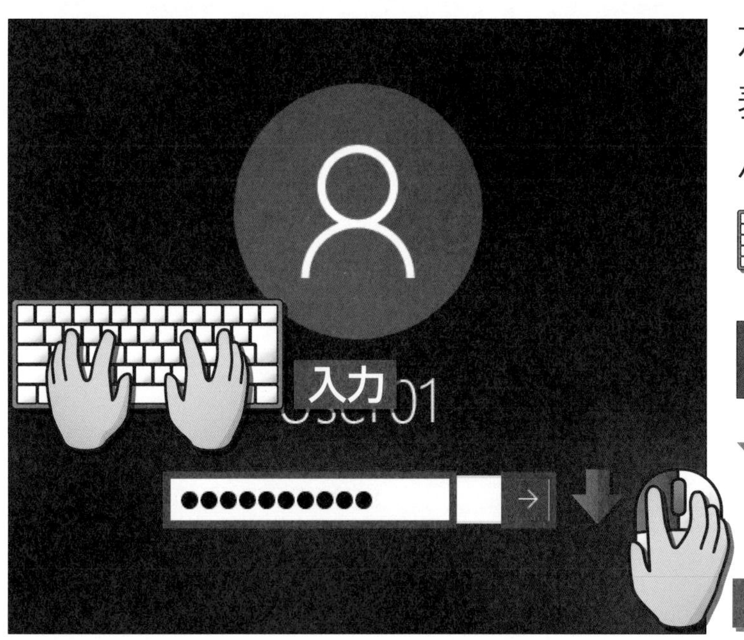

左のような画面が表示されたら、パスワードを入力し、→を左クリックします。

3 パソコンが起動します

パソコンのデスクトップ画面が表示されます。

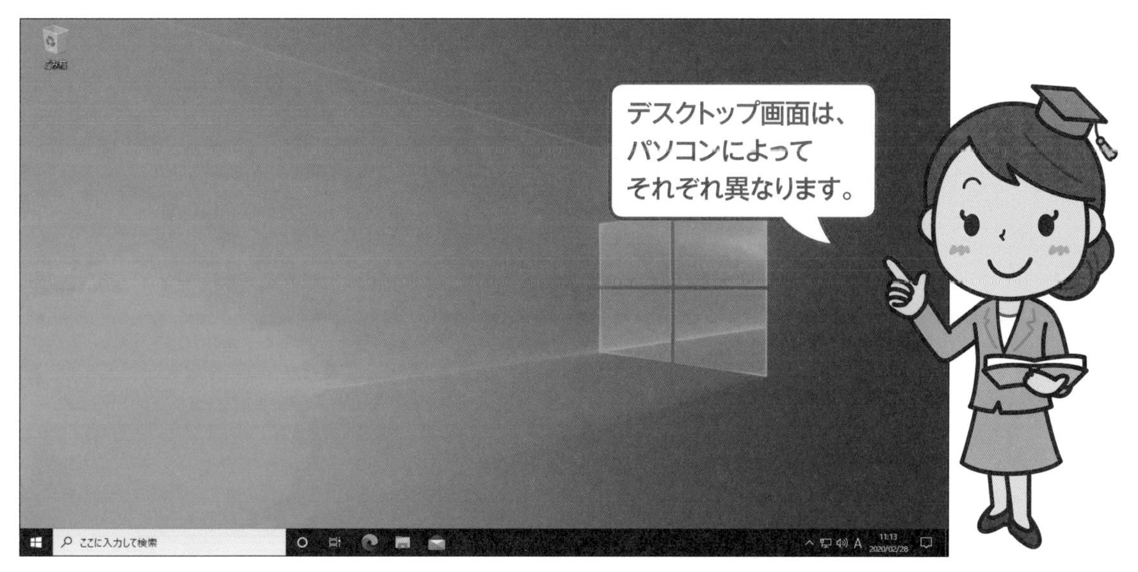

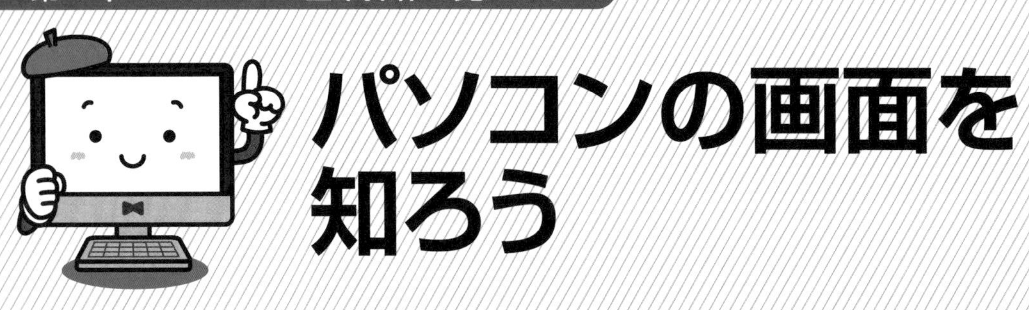

パソコンの画面を知ろう

ここでは、パソコンの画面を構成している各部の名称と役割を確認します。重要な用語が多いので、しっかり覚えておきましょう。

パソコンの画面

パソコンの画面は、次のようになっています。

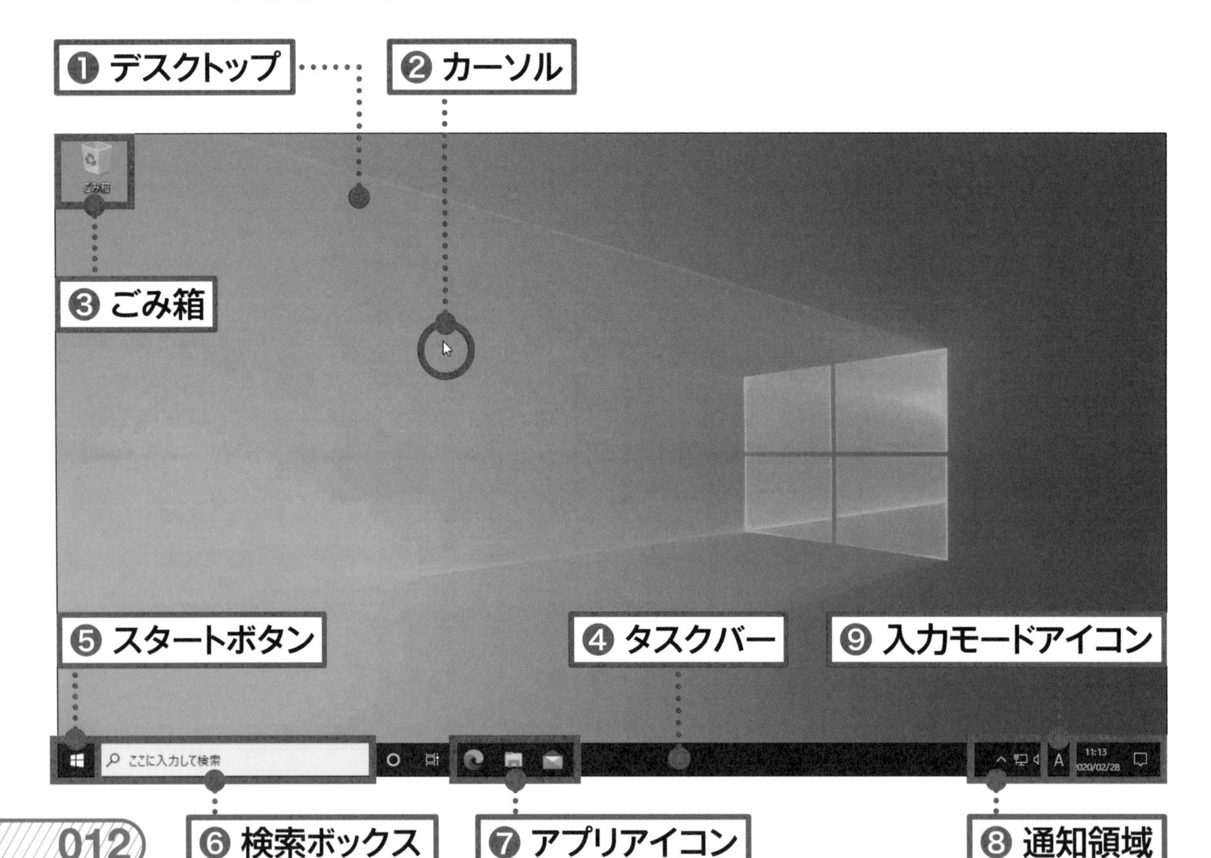

各部の名称と役割

❶ デスクトップ

さまざまな作業を行うところです。「机の上」と考えるとわかりやすいです。

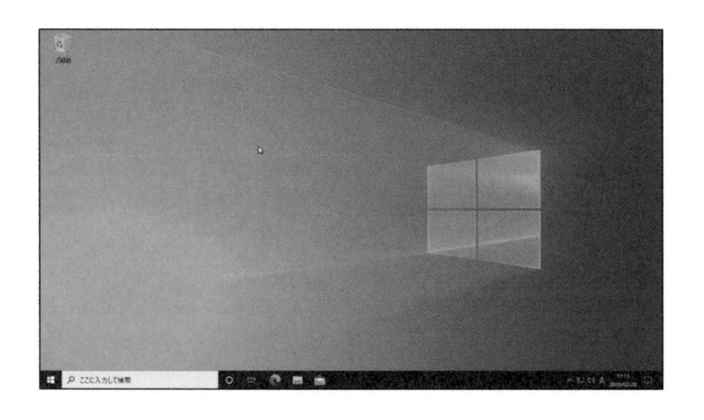

❷ カーソル

パソコンに指示をするときに使います。マウスの動きと連動して動きます。使う場面により形が変わります。

❸ ごみ箱

削除したファイルは、ごみ箱に移動します。

❹ タスクバー

デスクトップに広げているウィンドウの内容が表示される場所です。この中に、❽通知領域も含まれます。

❺ スタートボタン

左クリックすると、スタートメニューが表示されます。

❻ 検索ボックス

ファイルやアプリ（ソフト）を探すときに使います。

❼ アプリアイコン

よく使うアプリなどをかんたんに起動するためのボタンです。

❽ 通知領域

現在の時刻や、スピーカーの音量などの情報が表示されます。

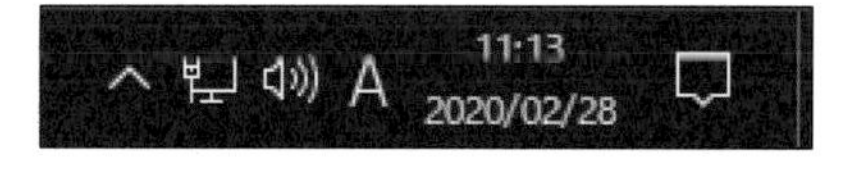

❾ 入力モードアイコン

日本語入力モードの状態が表示されます。

マウスの使い方を知ろう

パソコンを操作するには、マウスを使います。
マウスの正しい持ち方から、クリックやドラッグなどの使い方までを知りましょう。

マウスの各部名称

最初に、マウスの各部の名称を確認しておきましょう。初心者には**マウスが便利**なので、パソコンについていなかったら購入しましょう。

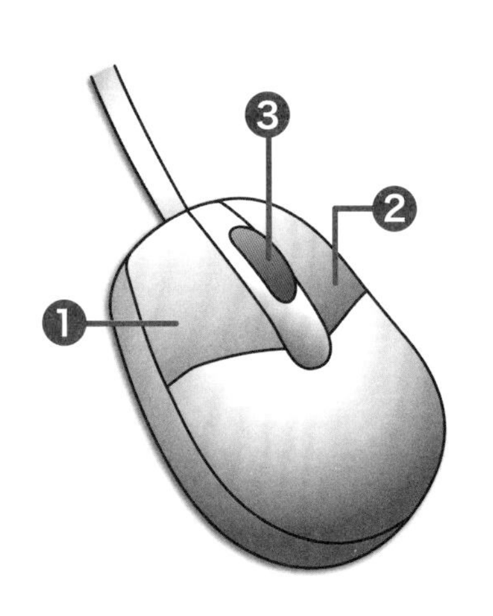

❶ 左ボタン

左ボタンを1回押すことを**左クリック**といいます。画面にあるものを選択したり、操作を決定したりするときなどに使います。

❷ 右ボタン

右ボタンを1回押すことを**右クリック**といいます。操作のメニューを表示するときに使います。

❸ ホイール

真ん中のボタンを回すと、画面が上下左右に**スクロール**します。

マウスの持ち方

マウスには、操作のしやすい持ち方があります。
ここでは、マウスの**正しい持ち方**を覚えましょう。

❶ 手首を机につけて、マウスの上に軽く手を乗せます。

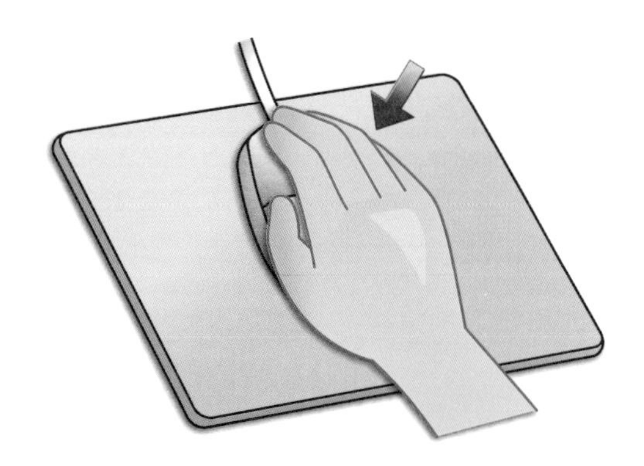

❷ マウスの両脇を、**親指と薬指**で軽くはさみます。

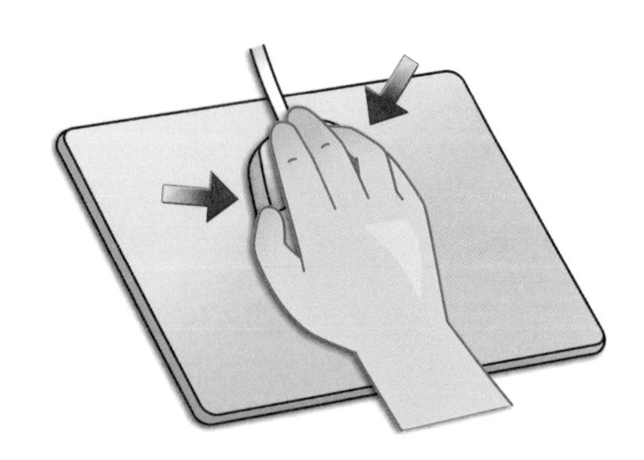

❸ **人差し指**を左ボタンの上に、**中指**を右ボタンの上に軽く乗せます。

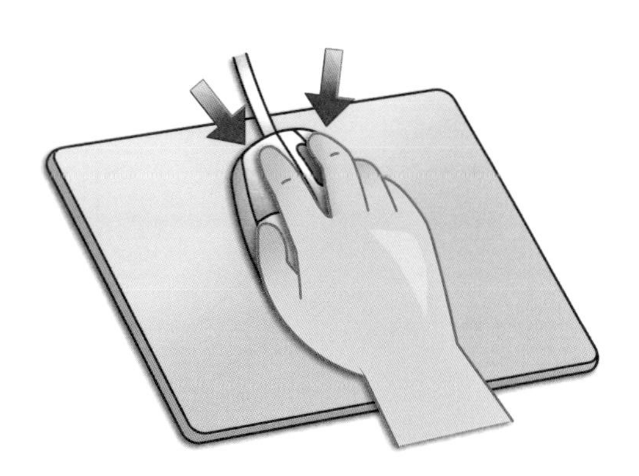

❹ 机の上で、前後左右にマウスをすべらせます。このとき、**手首をつけたまま**にしておくと、腕が楽です。

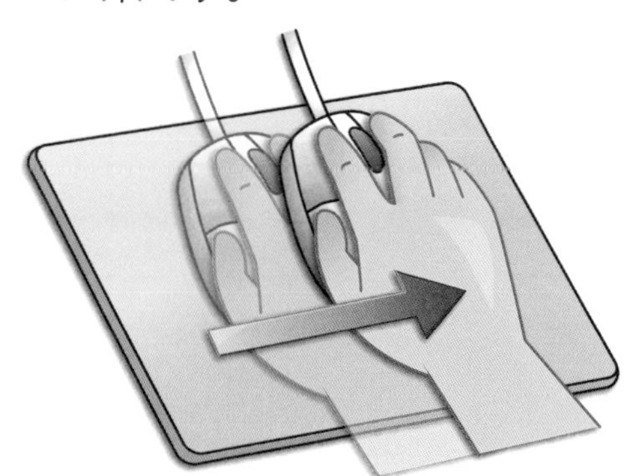

カーソルを移動する

マウスを動かすと、それに合わせて画面内の矢印が動きます。
この矢印のことを、**カーソル**といいます。

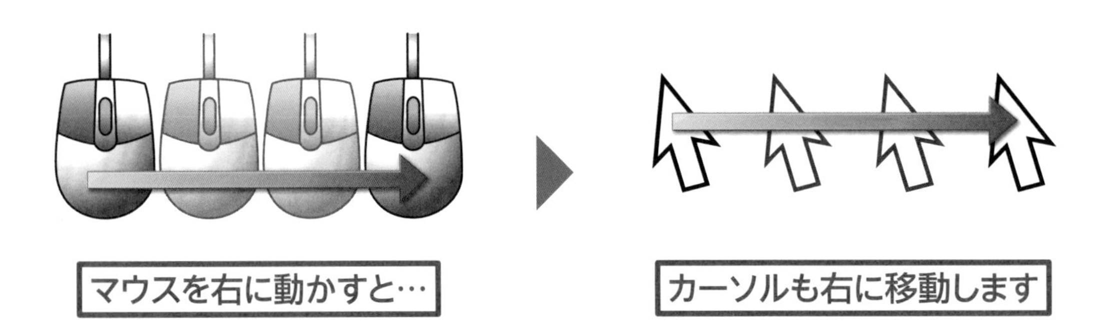

● もっと右に移動したいときは?

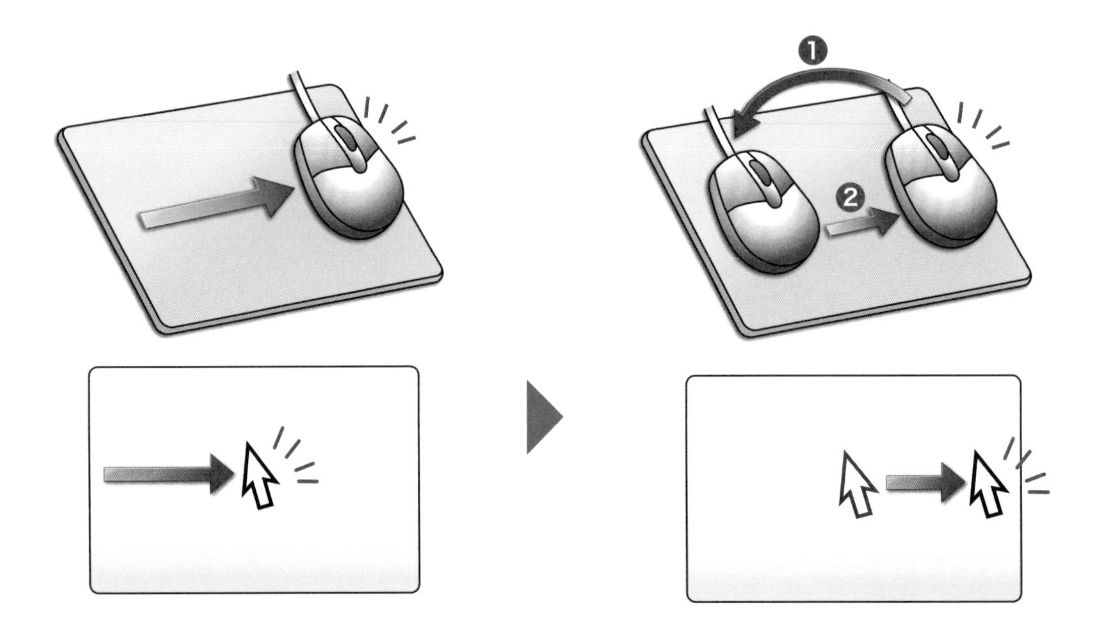

もっと右に動かしたいのに、
マウスが机の端にきてしまったときは…

マウスを机から**浮かせて**、左側に持っていきます❶。そこからまた右に移動します❷。

マウスをクリックする

マウスの左ボタンを1回押すことを**左クリック**といいます。
右ボタンを1回押すことを**右クリック**といいます。

❶ クリックする前

15ページの方法でマウスを持ちます。

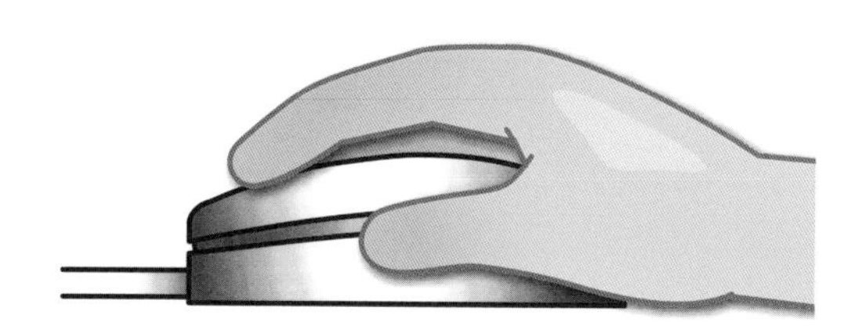

❷ クリックしたとき

人差し指で、左ボタンを軽く押します。カチッと音がします。

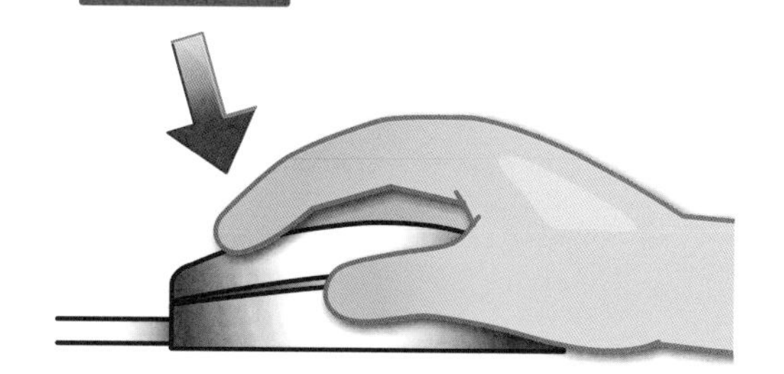

❸ クリックしたあと

すぐに力を抜きます。左ボタンが元の状態に戻ります。

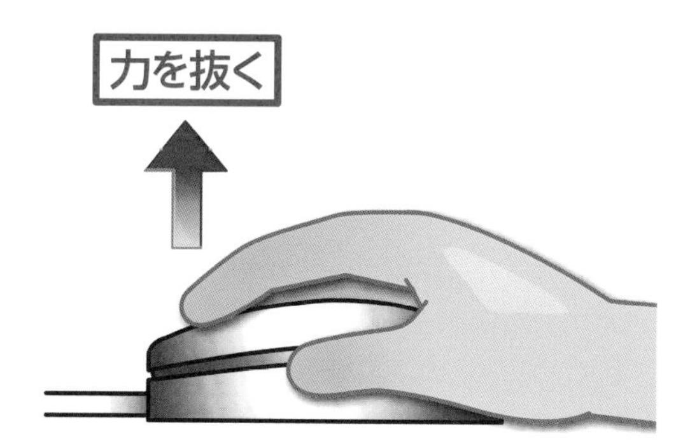

マウスを操作するときは、常にボタンの上に軽く指を乗せておきます。
ボタンをクリックするときも、ボタンから指を離さずに操作しましょう。

マウスをダブルクリックする

左ボタンを2回続けて押すことを**ダブルクリック**といいます。
カチカチとテンポよく押します。

左クリック（1回目）

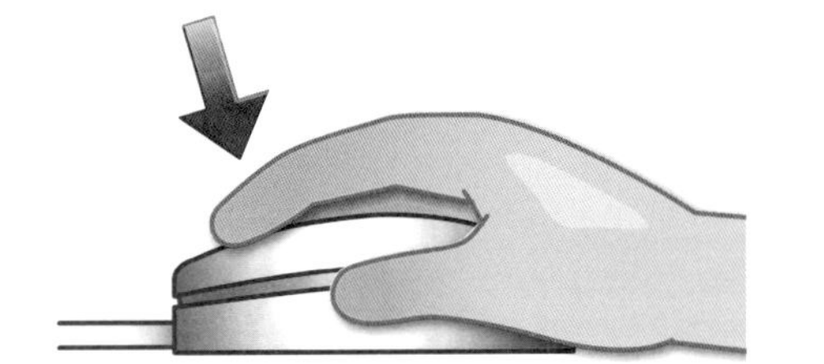

左クリック（2回目）

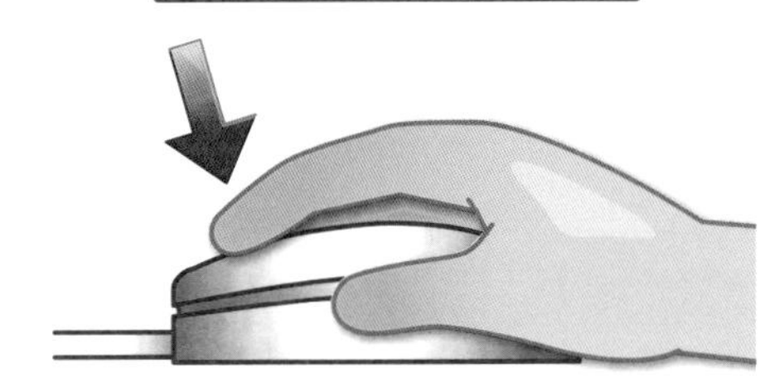

練習 デスクトップのごみ箱のアイコンを使って、
ダブルクリックの練習をしましょう。

❶ 画面左上にあるごみ箱の上に
（カーソル）を移動します。

❷ 左ボタンをカチカチと2回
押します（ダブルクリック）。

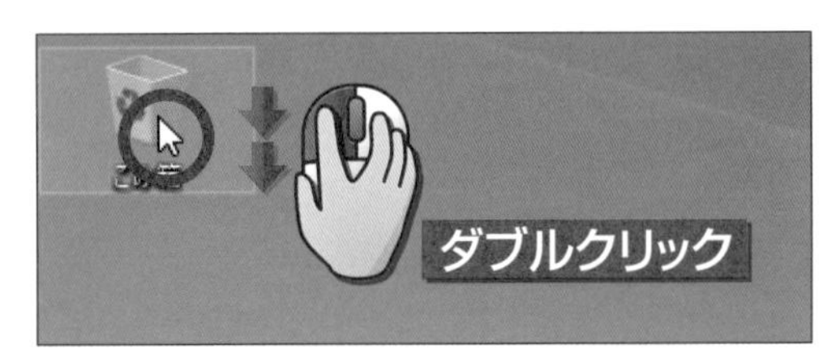

❸ ダブルクリックがうまくいくと
「ごみ箱」が開きます。

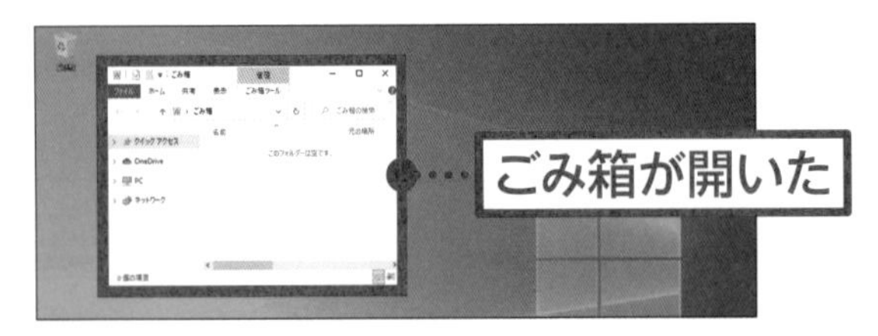

❹ ✕（閉じる）に（カーソル）
を移動して左クリックします。
ごみ箱が閉じます。

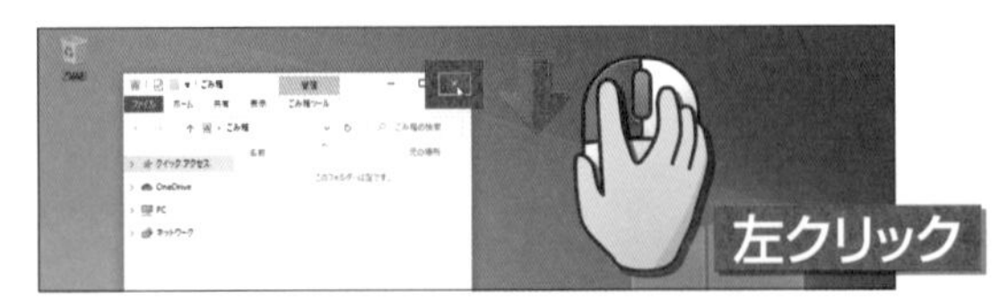

マウスをドラッグする

マウスの左ボタンを押しながらマウスを動かすことを、
ドラッグといいます。

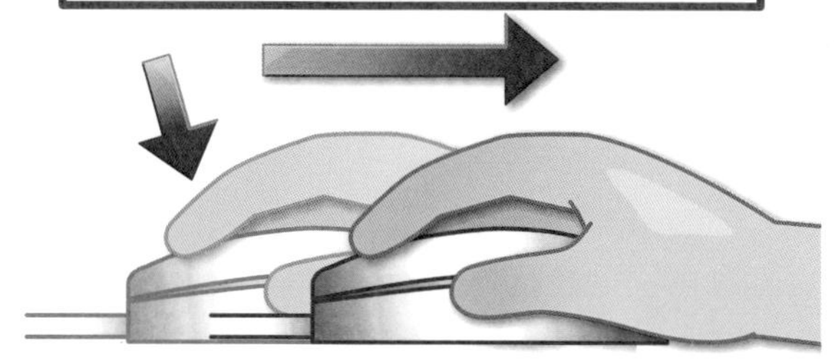

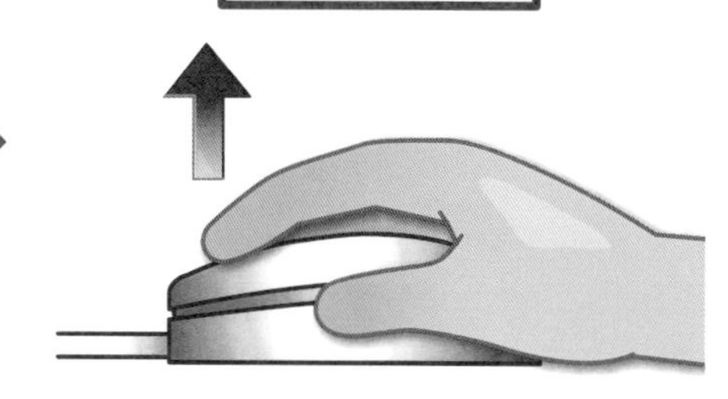

デスクトップのごみ箱のアイコンを使って、
ドラッグの練習をしましょう。

❶ ごみ箱の上に（カーソル）を移動します。左ボタンを押したまま、マウスを右下方向に移動します。これがドラッグです。

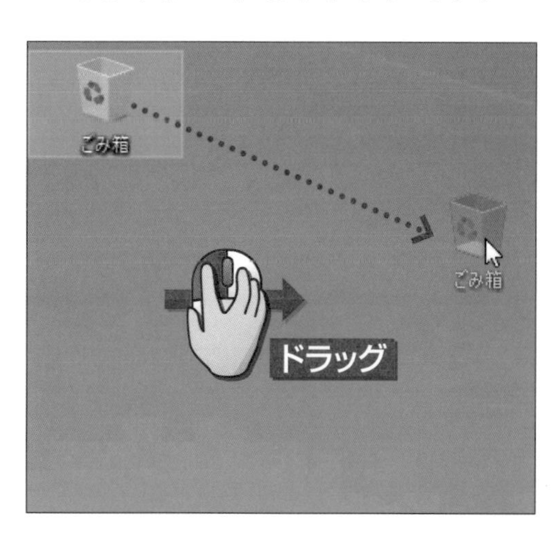

❷ ドラッグがうまくいくと、ごみ箱の場所が移動します。同様の方法で、ごみ箱を元の場所に戻しましょう。

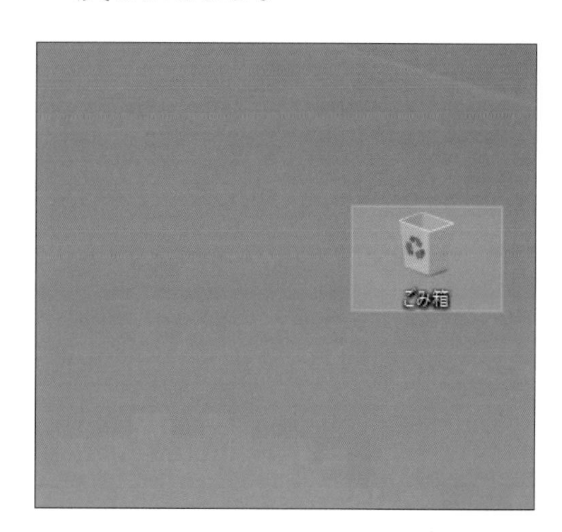

スタートメニューを表示しよう

パソコンで何かを始めるときは、スタートメニューを使います。
まずは、スタートメニューを表示する方法を覚えましょう。

操作  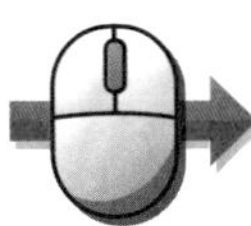 移動 ▶P.016 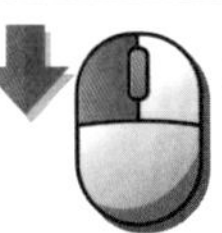 左クリック ▶P.017  回転 ▶P.014

1 スタートボタンを左クリックします

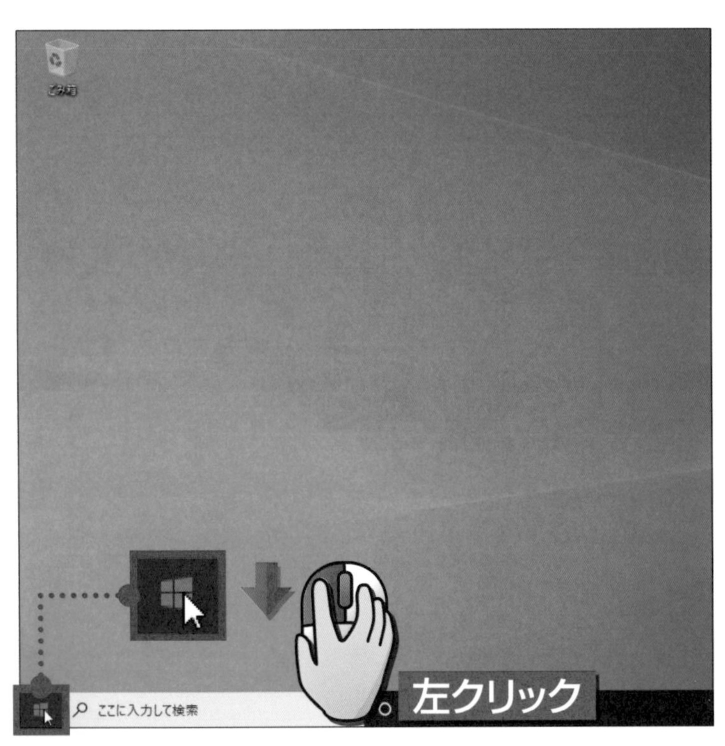

スタートボタン

に

カーソル

を移動して、

左クリックします。

2 スタートメニューが表示されます

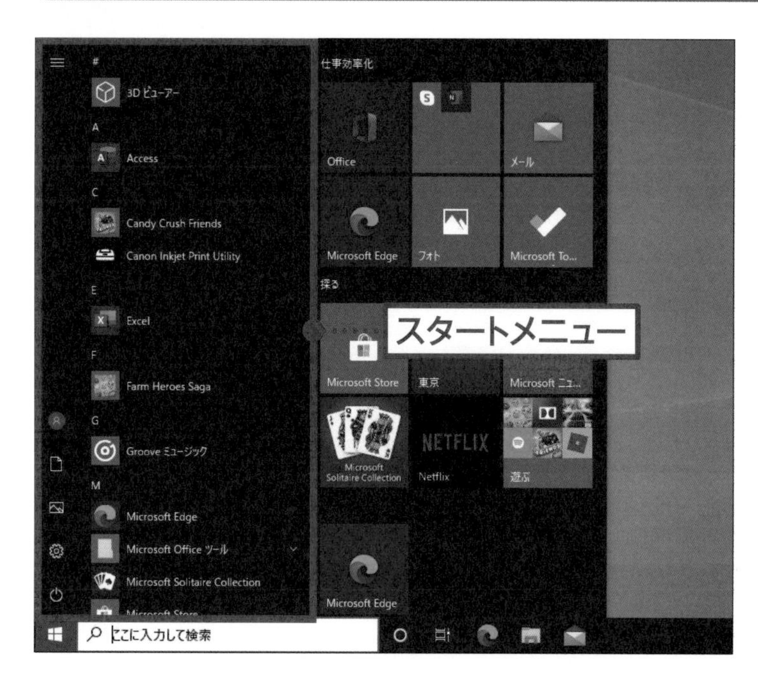

スタートメニューが表示されます。

アプリ（ソフト）を使うときは必ずスタートメニューを表示させるんだよ！

3 アプリ一覧の下の方を表示します

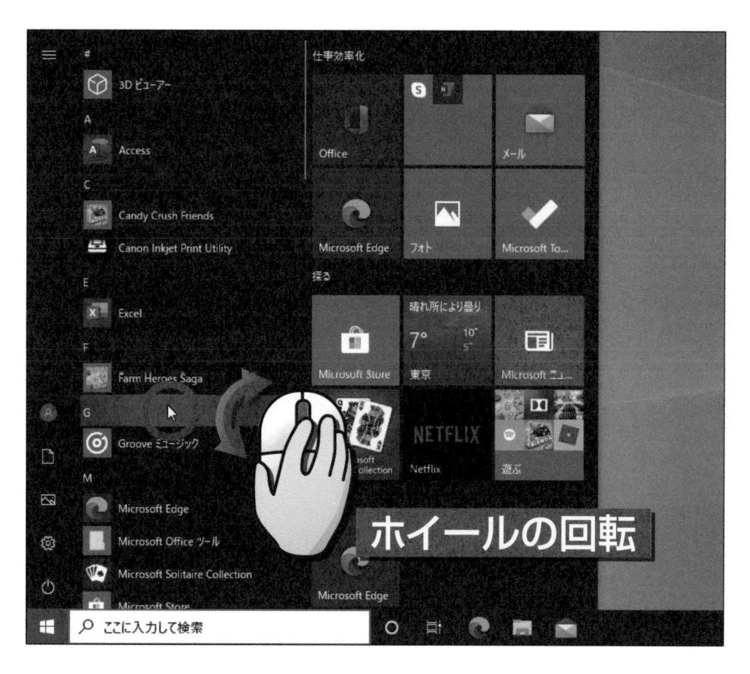

アプリ一覧の上に（カーソル）を**移動**して、マウスのホイールを  **回転**します。

4 マウスのホイールを回転します

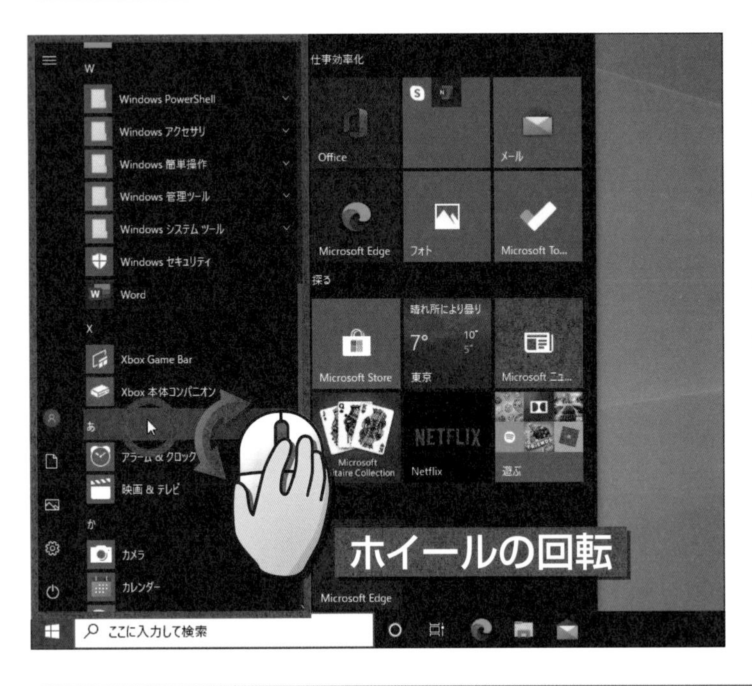

アプリ一覧の下の方が表示されます。

マウスのホイールを反対方向に

回転します。

5 元の状態に戻ります

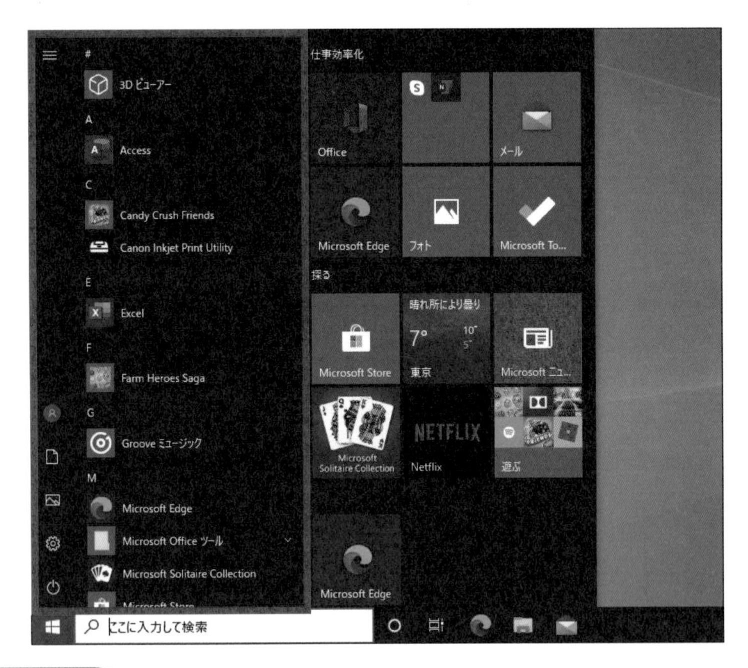

アプリ一覧の上の方が表示されます。

ポイント！

タッチパッドで画面をスクロールするには、人差し指と中指をタッチパッド上で上下左右にまっすぐ動かします（27ページ参照）。

6 スタートメニューを閉じます

もう一度、スタートボタン に カーソル を移動して、左クリックします。

7 デスクトップが表示されます

スタートメニューが閉じて、デスクトップが表示されます。

タッチパッドの使い方を知ろう

ノートパソコンのキーボードの手前には、マウスの役割をするタッチパッドがついています。通常のマウスとは使い方が異なるため、注意が必要です。

 タッチパッドって何?

タッチパッドは、マウスの代わりに（カーソル）を操作する道具で、ノートパソコンの多くについています。

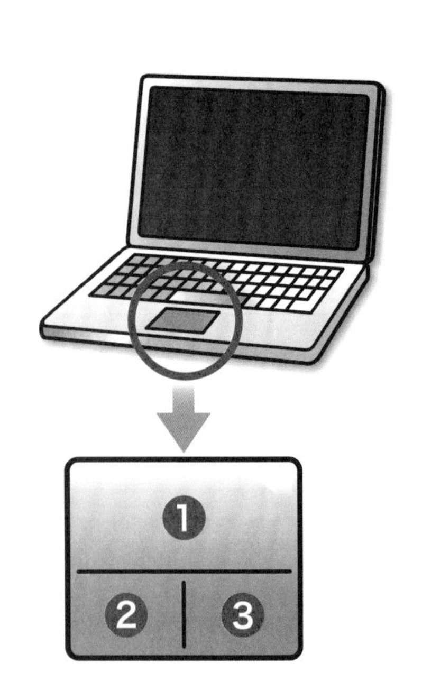

① カーソルの移動

タッチパッドを指で軽くこすると、指の動きに合わせて（カーソル）が動きます。

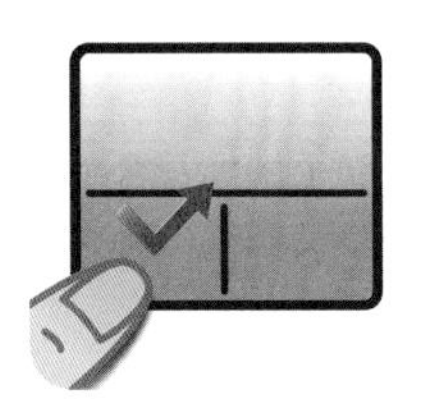

② 左クリック

タッチパッドの左下を１回押すことを、**左クリック**といいます。

③ 右クリック

タッチパッドの右下を１回押すことを、**右クリック**といいます。

タッチパッドでダブルクリックする

タッチパッドの**左下**を2回続けて押すことを、**ダブルクリック**といいます。カチカチとテンポよく押します。

タッチパッドが難しいと感じたら、マウスを購入して使おう！

タッチパッドでドラッグする

左手の人差し指でタッチパッドの**左下**を押したまま、右手の人差し指でタッチパッドをこする操作を、**ドラッグ**といいます。

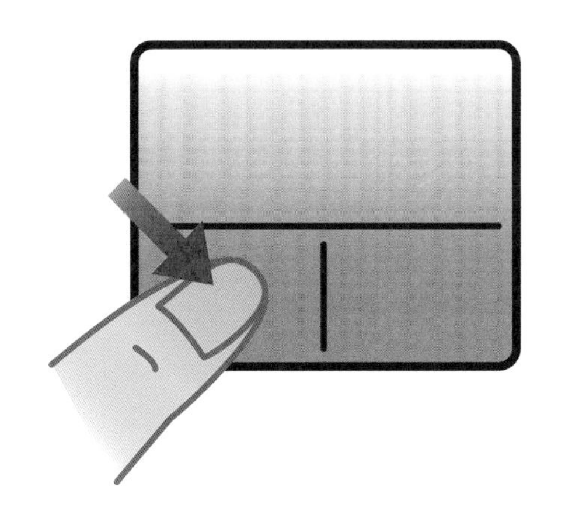

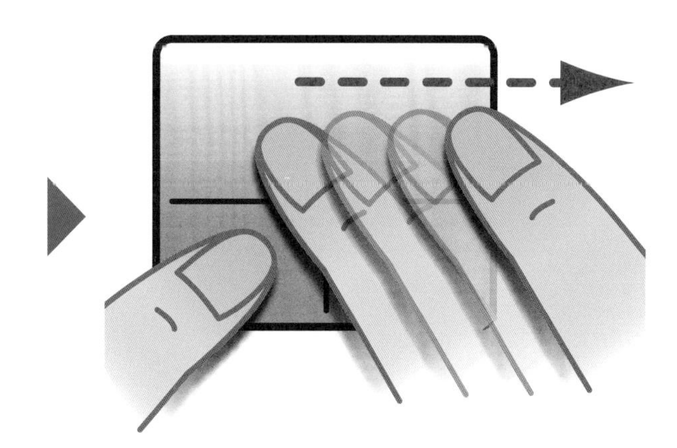

タッチパッドをタップする

タッチパッドの真ん中を軽く1回叩くことを**タップ**、2回叩くことを**ダブルタップ**といいます。タップはマウスの左クリック、ダブルタップはマウスのダブルクリックと同じことです。

❶ タッチパッドを指で軽くこすって、ごみ箱の上に（カーソル）を**移動**します。

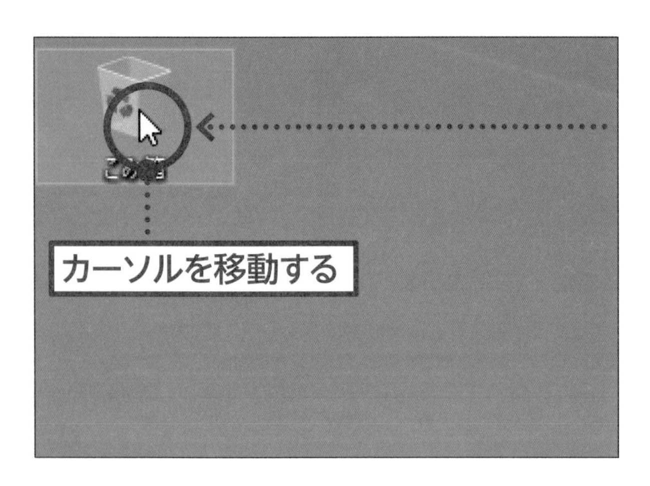

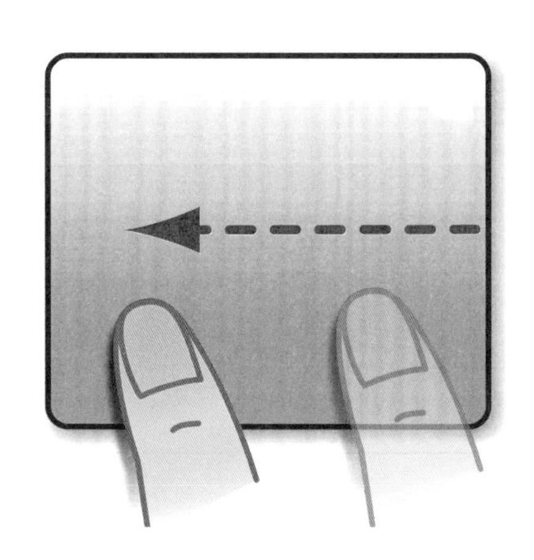

❷ タップすると、ごみ箱が選択されます。
ダブルタップすると、ごみ箱が開きます。

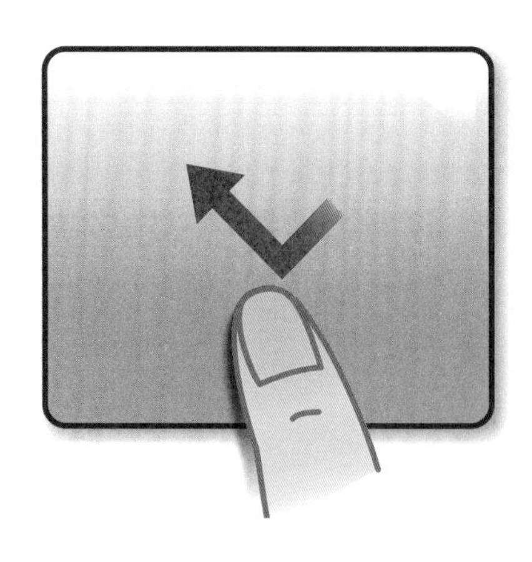

スライドで画面をスクロールする

右手の人差し指と中指を、タッチパッド上で上下左右に
まっすぐ動かすことを、**スライド**といいます。
パソコンによっては、スライドが使えない機種もあります。

❶ 20ページの方法で、アプリ一覧を表示します。
タッチパッドの上に、人差し指と中指を軽く離して置きます。

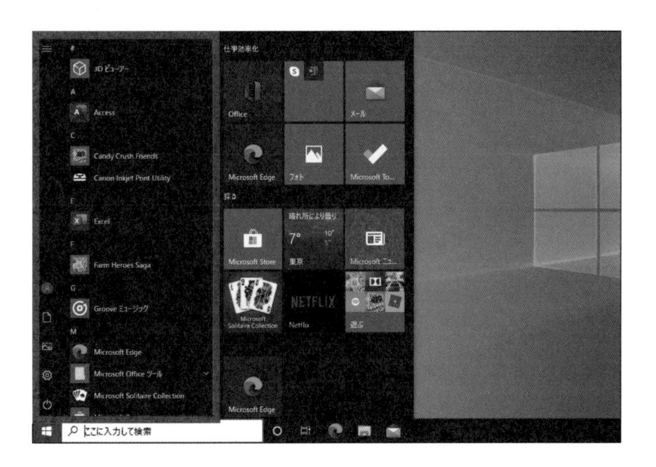

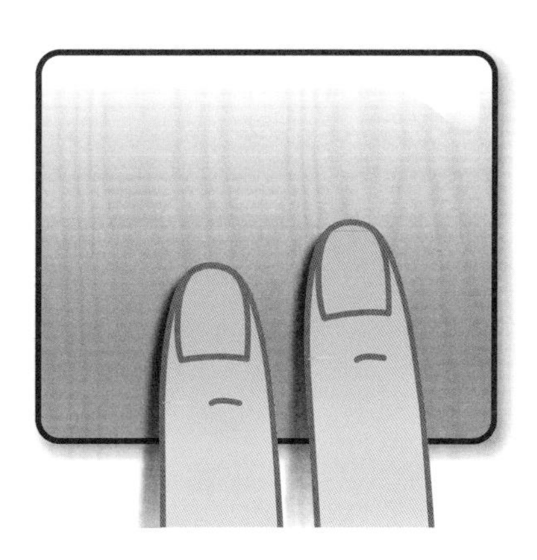

❷ そのまま、上または下方向に指をすべらせます。
アプリ一覧が**スクロール**します。

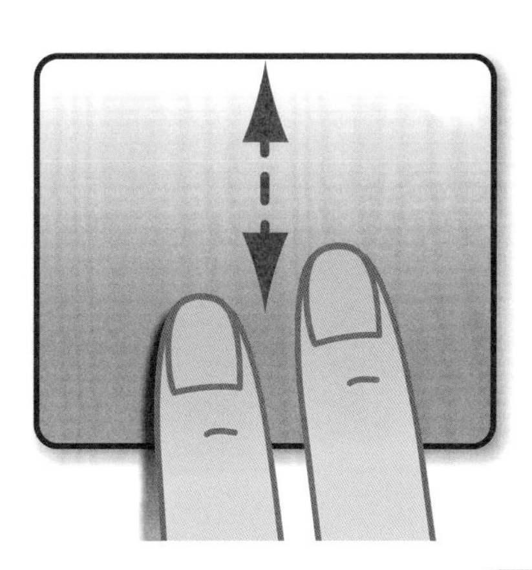

キーボードを知ろう

パソコンで文字を入力するには、キーボードを使います。
最初にキーボードにどのようなキーがあるのかを確認しましょう。

キーの配列

デスクトップパソコン

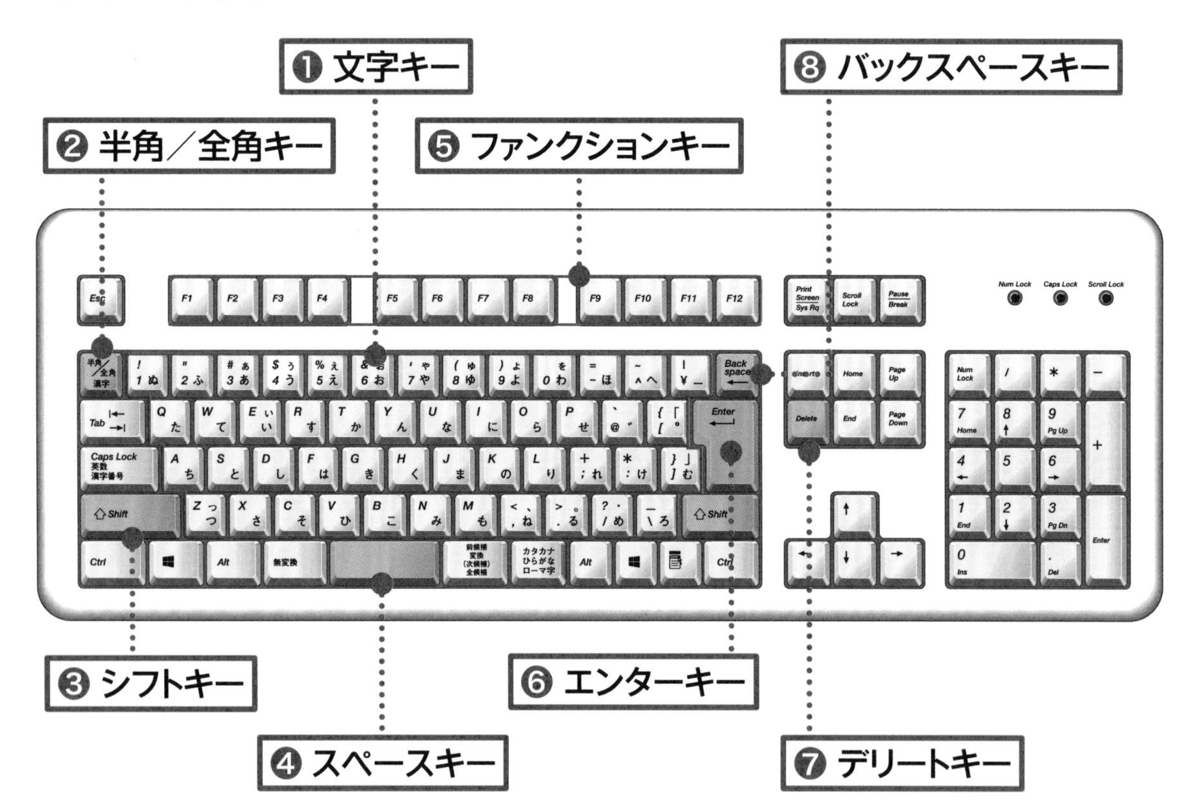

● ノートパソコン

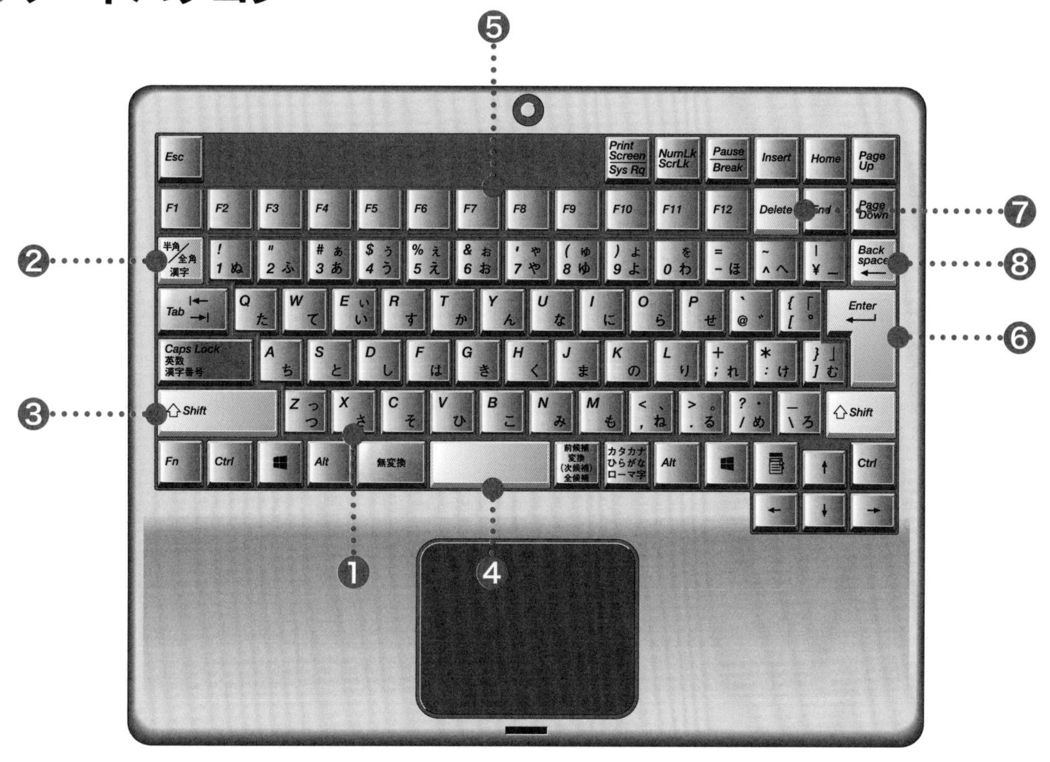

❶ 文字キー

文字を入力するキーです。

❷ 半角／全角キー

日本語入力と英語入力を
切り替えます。

❸ シフトキー

文字キーの左上の文字を入力するときは、このキーを使います。

❹ スペースキー

ひらがなを漢字に変換したり、
空白を入れたりするときに使います。

❺ ファンクションキー

12個のキーには、アプリ（ソフト）ごとによく使う機能が登録されています。

❻ エンターキー

変換した文字を決定するときや、
改行するときに使います。

❼ デリートキー

文字カーソルの右側の文字を消すときに使います。

❽ バックスペースキー

文字カーソルの左側の文字を消すときに使います。

パソコンを終了しよう

パソコンを使い終わったら、パソコンを終了します。
スタートメニューのシャットダウンから終了します。

1 パソコンを終了します

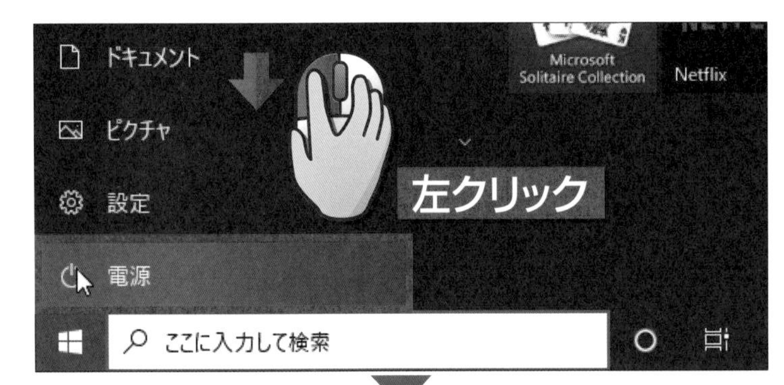

ドキュメント
スリープ
シャットダウン
再起動
電源
左クリック
Microsoft Solitaire Collection
Netflix
ここに入力して検索

20ページの方法で、スタートメニューを表示します。

を

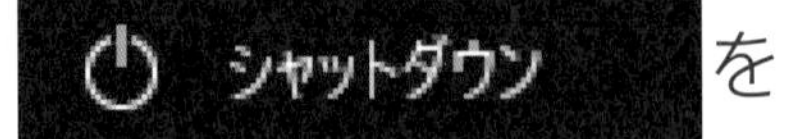

を

左クリックします。

第2章

2 インターネットの基本を知ろう

この章で学ぶこと

- インターネットについて知っていますか?
- プロバイダーとは何かわかりますか?
- Wi-Fiとは何かわかりますか?
- コンピューターウイルスについて知っていますか?

インターネットって何ですか?

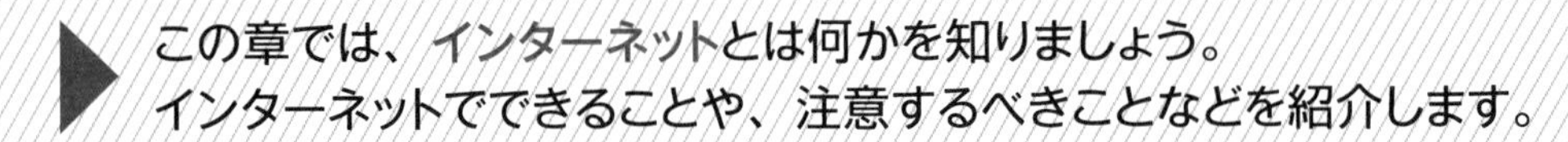

この章では、インターネットとは何かを知りましょう。
インターネットでできることや、注意するべきことなどを紹介します。

インターネットとは?

インターネットは、世界中のパソコンやスマートフォンなどがつながっている、**巨大なネットワーク**です。略して「ネット」とも呼ばれます。インターネットに接続すると、さまざまな情報を見たり、サービスを受けたりすることができます。

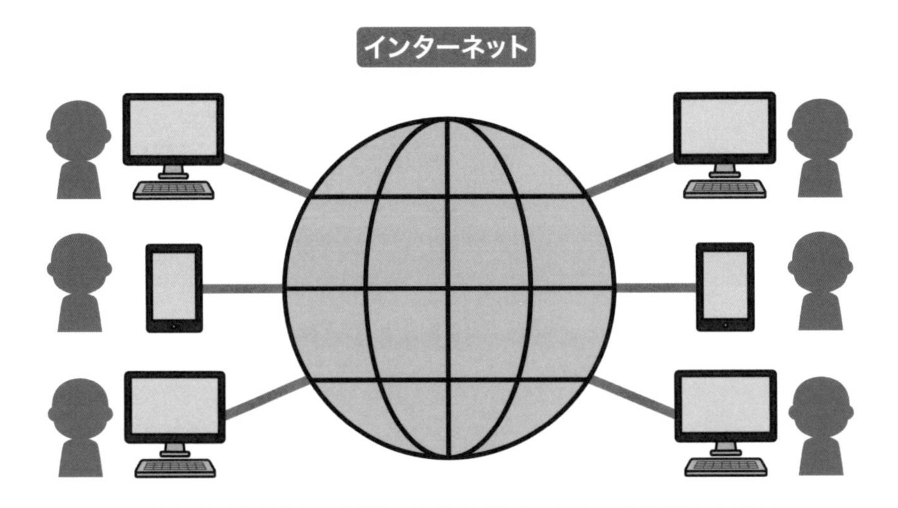

世界中のパソコンやスマートフォンがつながった巨大なネットワーク

インターネットの情報を見るには?

パソコンでインターネットの情報を見るには、**ブラウザー**というアプリを使います。Windows 10には、**エッジ**というブラウザーがあらかじめ用意されています。

メールをやり取りするには?

インターネットに接続したパソコンでは、**メールのやり取り**ができます。パソコンでメールをやり取りするには、メール用のアプリを使います。Windows 10には、**メール**というメールアプリがあらかじめ用意されています。

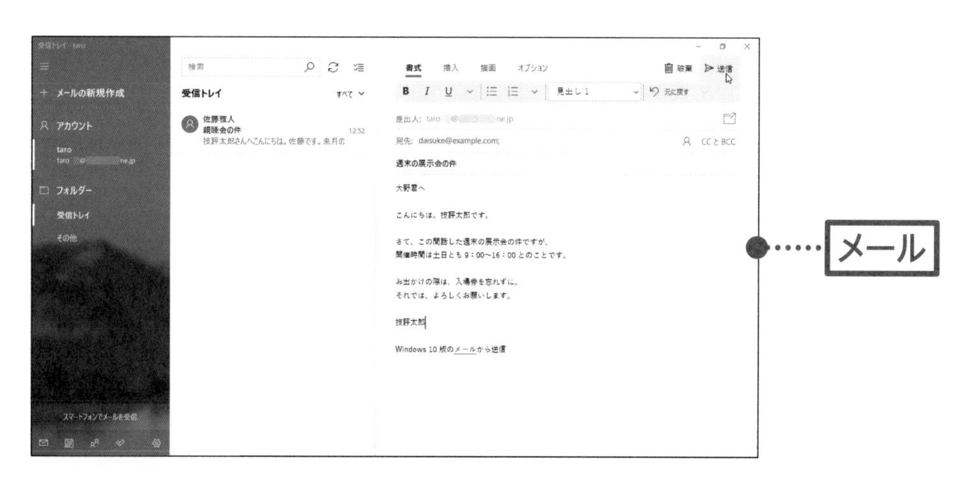

インターネットでできることは?

ここでは、インターネットでどんなことができるのかを見てみましょう。
日々の生活に役立つ、さまざまな情報が見られます。

ホームページを見られる

インターネットでは、企業や個人が発信しているさまざまな**ホームページ**を見ることができます。
ホームページでは、商品やサービス、ニュース、日記など、さまざまな情報を見ることができます。

Yahoo!（ヤフー）のホームページ

便利なサービスを利用できる

インターネットでは、企業が提供しているさまざまな**サービス**を利用できます。利用できるサービスには次のようなものがあります。

- **天気予報**
- **地図**
- **乗り換え案内**
- **動画**

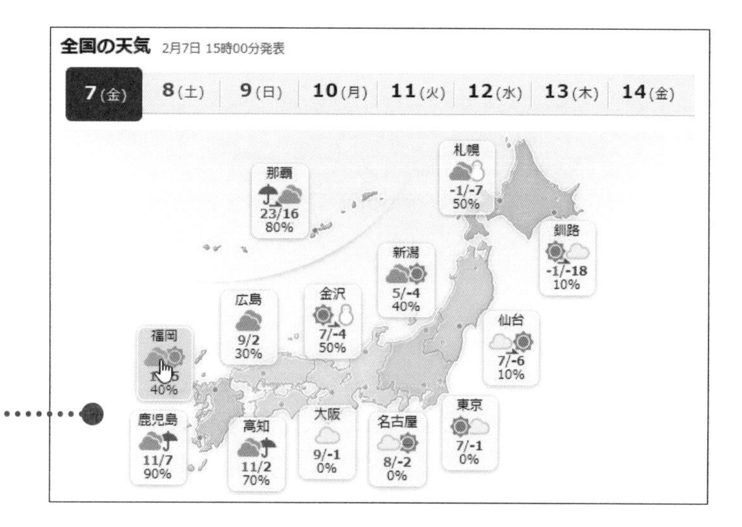

天気予報のサービス

知りたい情報を検索できる

インターネットでは、自分が知りたい、見たいと思った情報を、**検索して探し出す**ことができます。検索は、関連するキーワードを入力して行います。

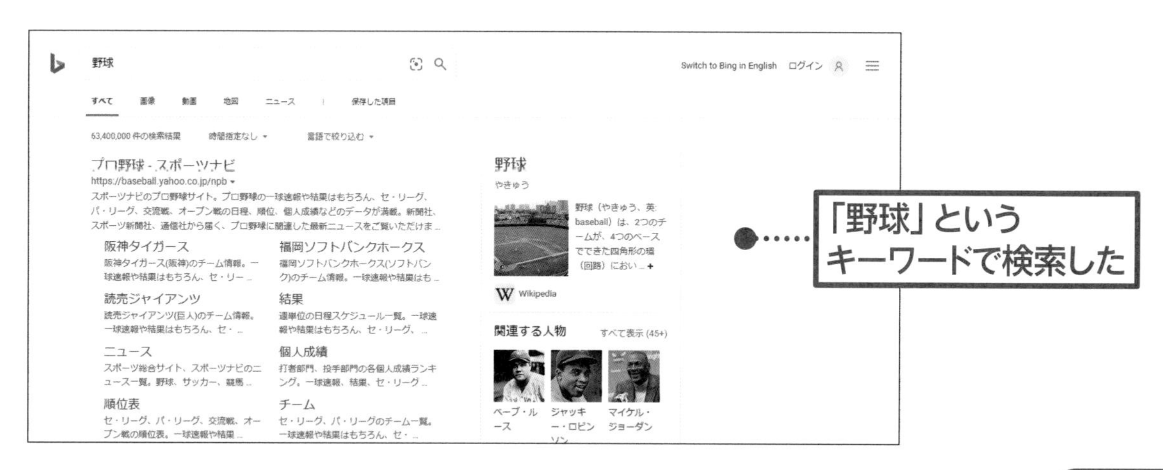

「野球」というキーワードで検索した

インターネットに接続するには?

インターネットに接続する方法を知りましょう。
有線で接続する方法と、無線で接続する方法があります。

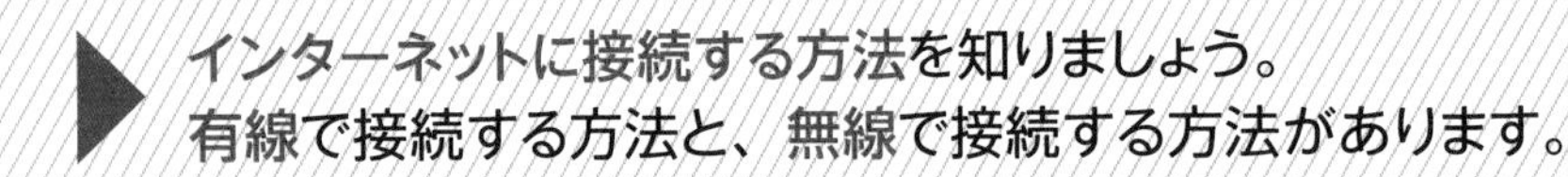

プロバイダー

インターネットに接続するには、一般的に**プロバイダー**と呼ばれるインターネット接続業者と契約を行います。電話会社や電力会社、パソコンメーカーなどが、プロバイダーとしてのサービスを提供しています。

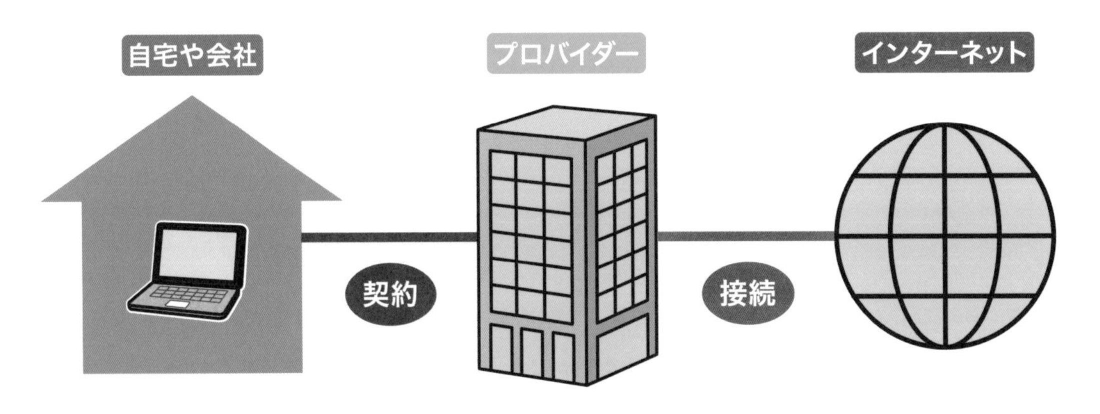

インターネットには、プロバイダーと呼ばれる接続業者と契約することによって接続する

有線で接続する

インターネットに接続する方法には、**LAN（ラン）ケーブル**と呼ばれるケーブルを使って接続する方法があります。これが**有線**で接続する方法です。プロバイダーから提供される機器とパソコンの間を、ケーブルでつなぎます。

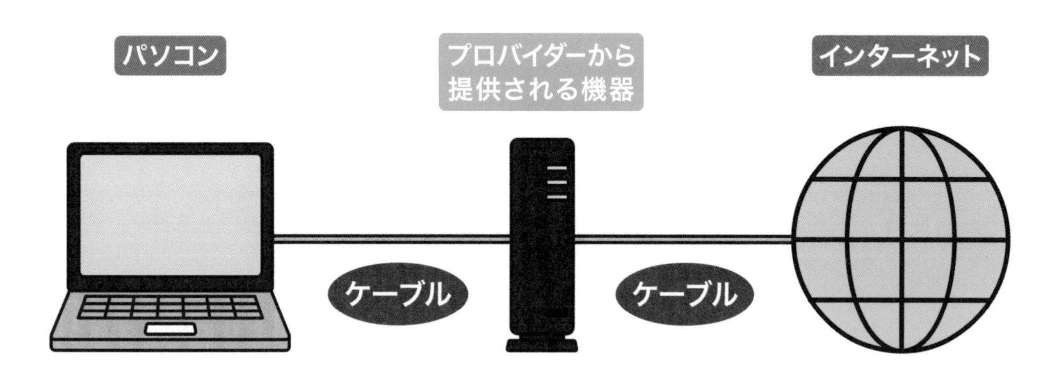

無線で接続する

Wi-Fi（ワイファイ）は、パソコンを**無線**でインターネットに接続するための方式です。自宅で無線通信ができる環境を整えるには、Wi-Fiルーターという機器を利用します（216ページ）。また、公共施設やカフェなどが提供しているWi-Fiサービスを利用することもできます。

インターネットは怖くないの？

インターネットを利用するには、注意しなくてはならないことがあります。
インターネットを安全に利用できるように、正しい知識を持っておくことが重要です。

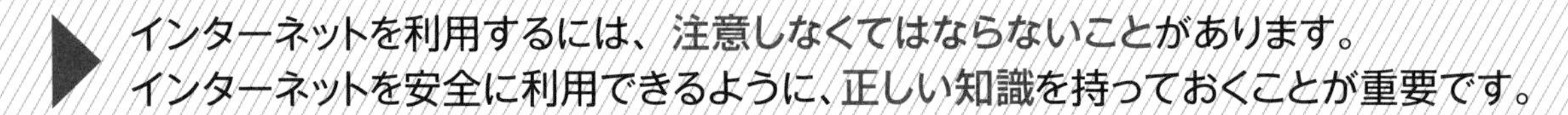

コンピュータウイルスについて

コンピュータウイルスとは、悪意のある人によって作られたプログラムのことです。パソコンがウイルスに感染してしまうと、例えば次のような被害が発生します。

- **パソコンのデータが削除される**
- **パソコンのデータが盗まれる**
- **パソコンが起動できなくなる**
- **登録しているメールアドレスが盗まれる**
- **勝手にメールを送信される**

ウイルスに感染する原因は?

ウイルスに感染する原因には、主に次のようなものがあります。ウイルスに感染してしまうことが無いように、怪しいホームページからファイルを入手したり、知らない人から届いたファイルを開いたりしないよう注意しましょう。

- **ウイルスが入っているファイルを開いてしまった**
- **ウイルスに感染するホームページを見てしまった**
- **メールに添付されているウイルスの入ったファイルを開いてしまった**
- **ウイルスが入ったUSBメモリをパソコンに接続してしまった**

詐欺サイト・詐欺メールについて

インターネットには、**詐欺を目的に作成されたホームページやメール**があります。正規の企業のホームページに似せた詐欺のホームページやメールを信用してしまうと、**お金を取られたり情報を盗まれたりする**可能性があります。

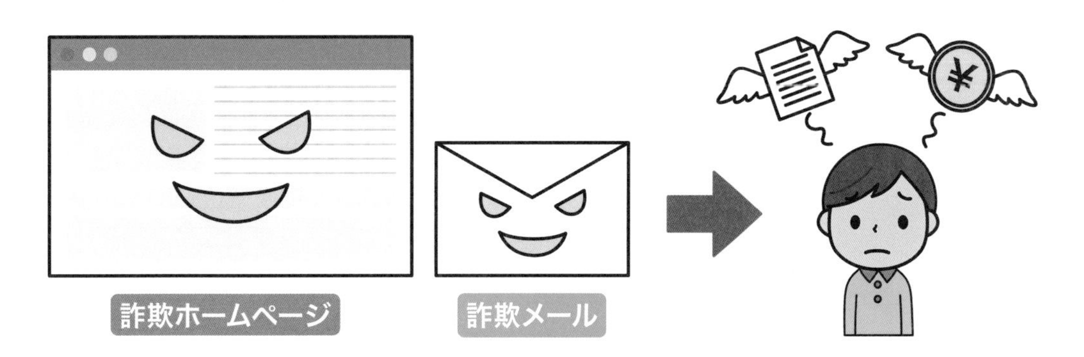

セキュリティソフトについて

パソコンを安全に利用するには、**セキュリティソフト**を使うとよいでしょう。セキュリティソフトには、次のような機能があります。

- **パソコンがウイルスに感染していないか確認してくれる**
- **ウイルスが侵入した場合、ウイルスを駆除してくれる**
- **詐欺と疑われるホームページを見ようとすると、警告を表示してくれる**
- **詐欺メールを受信したときに、自動的に迷惑メールとして処理してくれる**

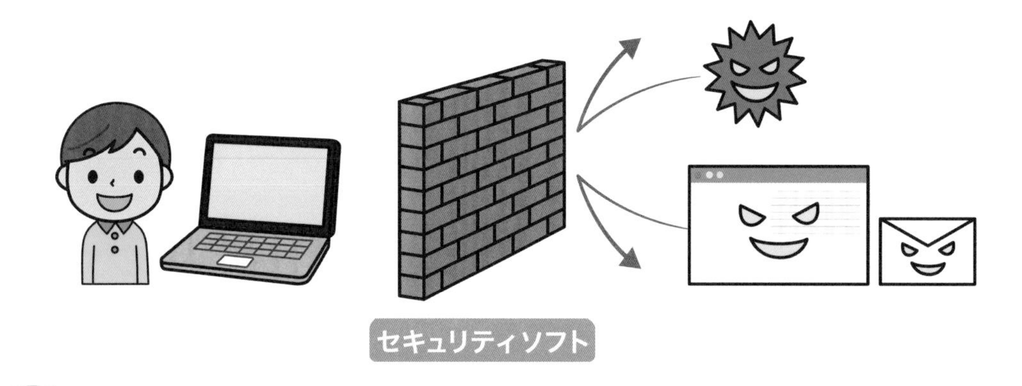

コラム 個人情報の漏洩に注意!

セキュリティソフトを利用する以外にも、インターネットを利用するときは、自衛の対策をとることが重要です。特に、個人情報の漏洩には十分注意しましょう。よく知らないホームページなどに、自分の住所や名前、メールアドレスなどを入力したりするのはやめましょう。

第3章

3 ホームページを楽しもう

この章で学ぶこと

- ブラウザーを起動できますか?
- ホームページを表示できますか?
- 見たいページに移動できますか?
- 前に見ていたページに戻れますか?
- ホームページを印刷できますか?

この章でやることを知っておこう

この章では、ブラウザーというアプリを使ってインターネットを見てみましょう。
ブラウザーの使い方をマスターすると、ホームページを楽しむことができます。

この章でやること

パソコンでは、行いたいことに合わせて利用するアプリを選択します。インターネットで**ホームページ**を閲覧するには、**ブラウザー**というアプリを利用します。ここでは、ブラウザーの基本操作を学びましょう。本書では、**エッジ**という名前のブラウザーを利用します。

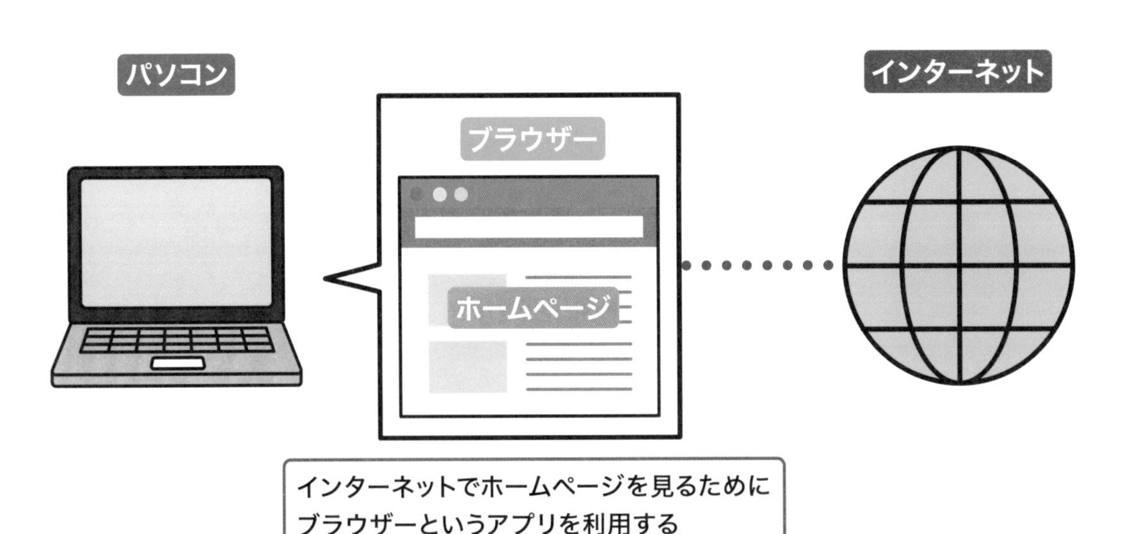

この章の流れ

この章では、ホームページを楽しむために次の操作を学びます。

この章で学習する「ブラウザー」を使いこなすことが、インターネットを楽しむコツですよ！あらかじめプロバイダーと契約して、インターネットに接続できるようにしておきましょう！

本書では、2020年4月17日以降に配信予定の新しいEdgeの操作を解説しています！

ブラウザーを起動しよう

それでは、いよいよインターネットを始めましょう！
ホームページはブラウザーを使って閲覧します。

操作  移動 ▶P.016 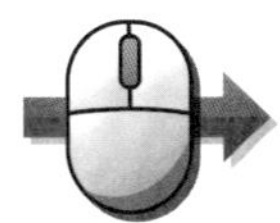 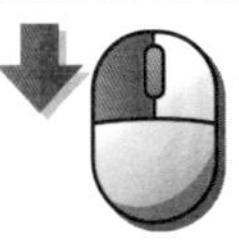 左クリック ▶P.017

1 ブラウザーを起動します

ブラウザー 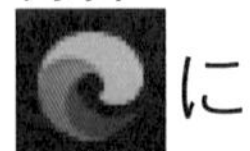 に

カーソル を移動して、

左クリックします。

インターネットを見るときは を左クリックするんだよ！
ここで使用するブラウザーは、
「エッジ」という名前です！

2 ブラウザーが起動しました

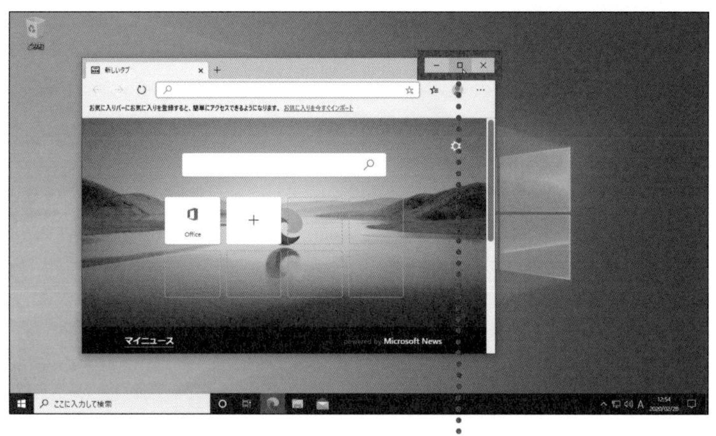

ブラウザーが
起動しました。

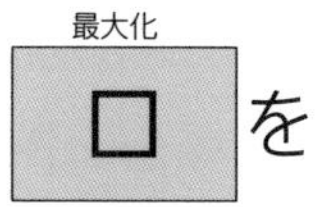

を

左クリックします。

ポイント！

ブラウザーを起動して最初に表示される画面は、パソコンによって異なります。

3 ウィンドウが大きく表示されました

ブラウザーのウィンドウが画面いっぱいに表示されました。

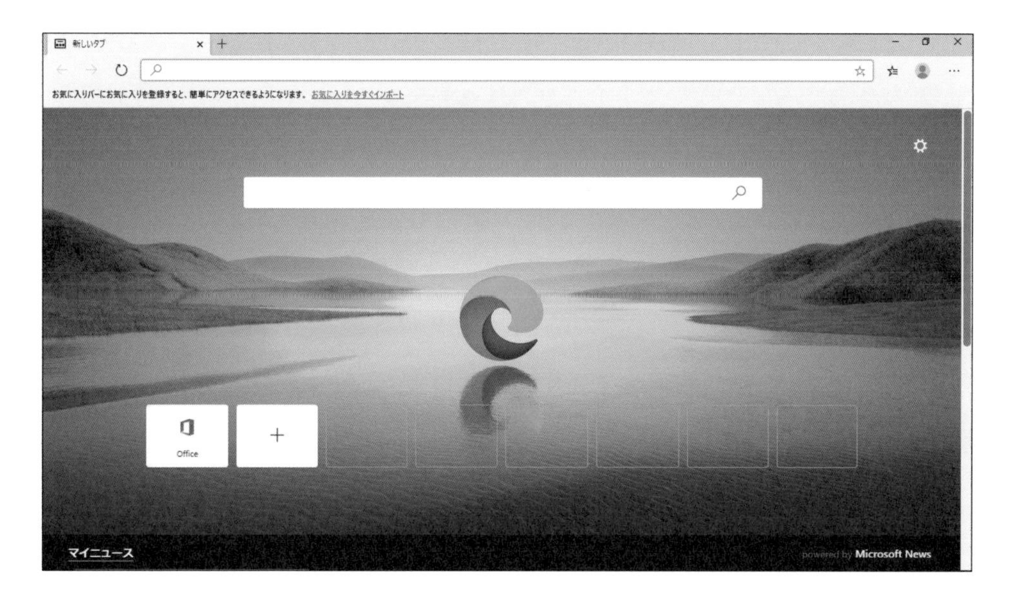

ブラウザーの画面を知ろう

最初に、ブラウザーの画面を見てみましょう。
ホームページを見るために必要な、各部の名称と役割を確認します。

ブラウザーの画面

ブラウザーの画面は、次のようになっています。

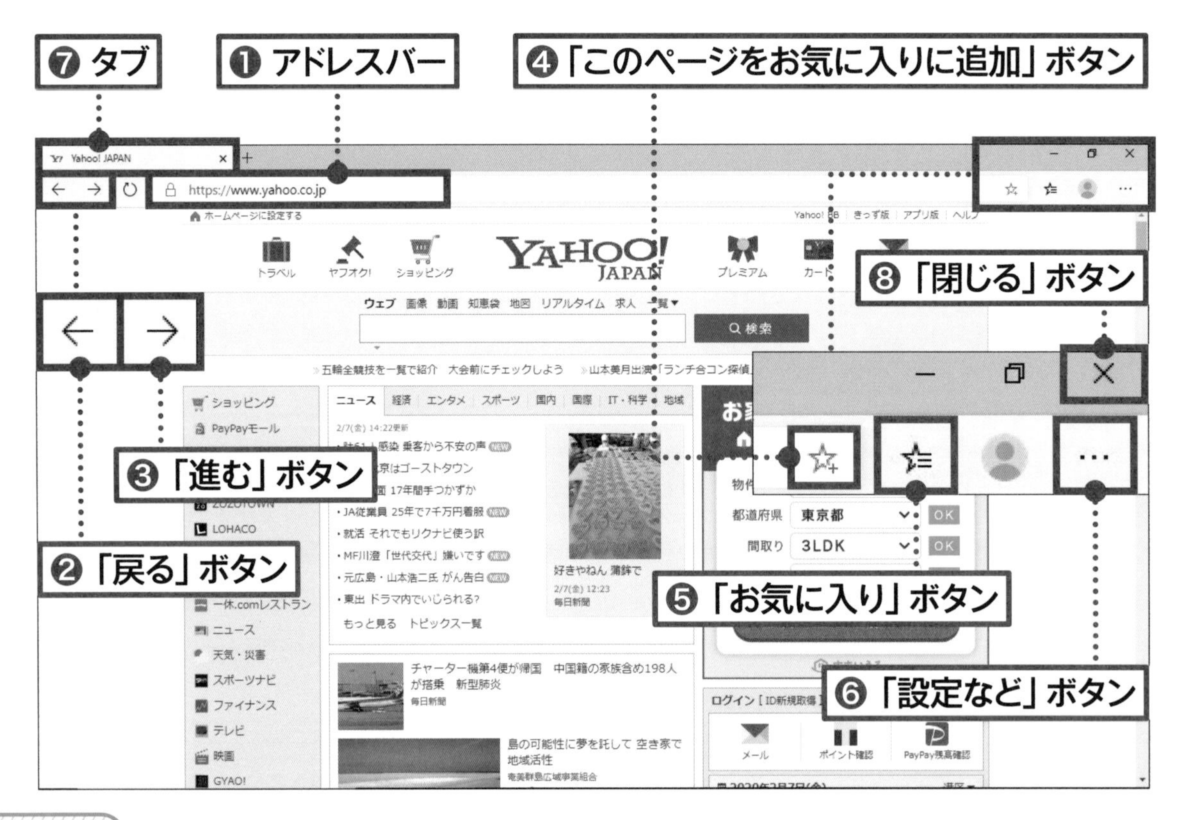

各部の名称と役割

❶ アドレスバー

ホームページのアドレスが表示されます。

https://www.yahoo.co.jp

❷「戻る」／❸「進む」ボタン

直前に見ていたホームページに戻ったり、進んだりできます。

 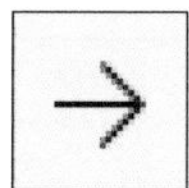

❹「このページをお気に入りに追加」ボタン

表示しているホームページを、お気に入りに登録するときなどに使います。

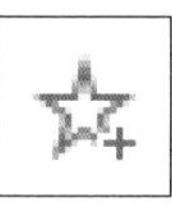

❺「お気に入り」ボタン

お気に入りに登録したページを表示するときなどに使います。

❻「設定など」ボタン

ホームページを印刷するときなどに使います。

…

❼ タブ

複数のホームページを切り替えるときに使います。

Yahoo! JAPAN ×

❽「閉じる」ボタン

ブラウザーを終了します。

たくさんのボタンがあるけど、
使いながら覚えていこう！

ホームページを表示しよう

ホームページには、それぞれのページごとにアドレス（住所）があります。
アドレスを指定して、ホームページを表示しましょう。

1 アドレスを入力する準備をします

アドレスバー 検索または Web アドレスを入力 に

カーソル を移動して、

左クリックします。

2 文字カーソルが表示されます

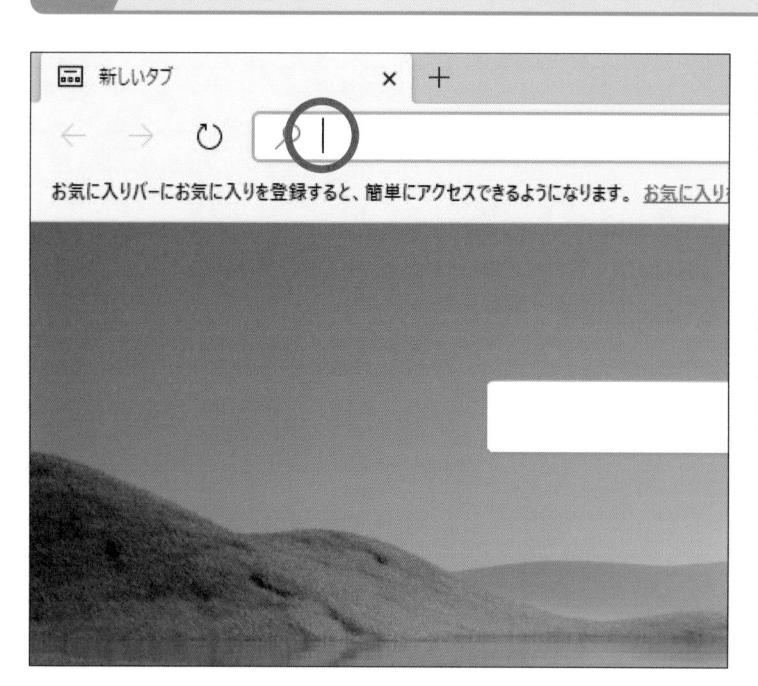

アドレスバー
検索または Web アドレスを入力 に

文字カーソル
｜ が表示されます。

ポイント!

文字が青く反転した場合は、Delete キーを押して文字を削除します。

3 入力モードを確認します

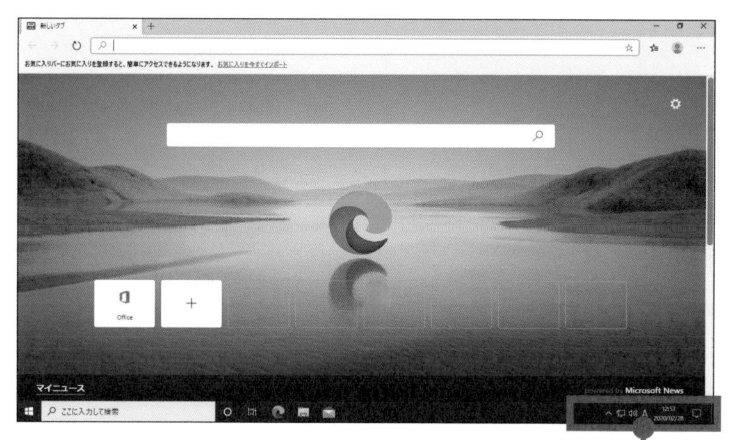

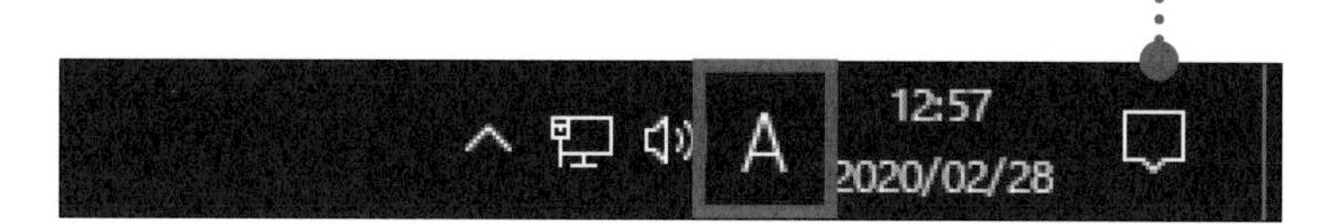

入力モードアイコンが A になっていることを確認します。

ポイント!

あ が表示されているときは、半角/全角 キーを押して A に切り替えます。

次へ >>>

4 アドレスを入力します

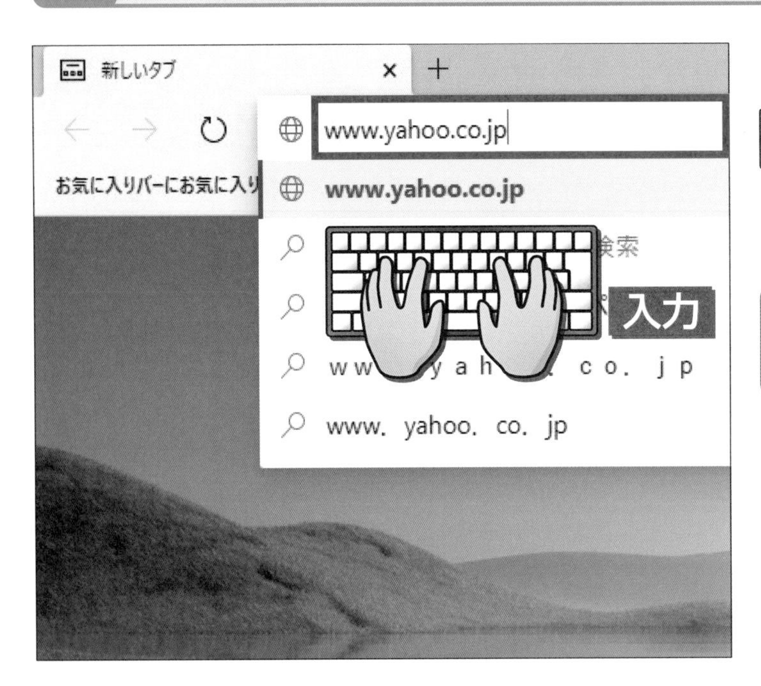

「www.yahoo.co.jp」と入力します。

ポイント!

ここでは、Yahoo!(ヤフー)のホームページを表示します。

5 アドレスを決定します

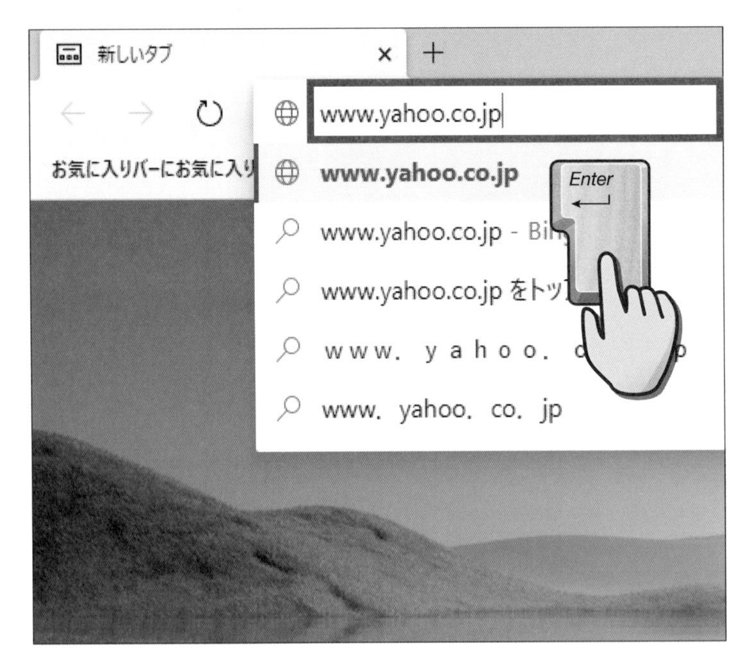

入力できたら、(エンター)キーを押します。

6 ホームページが表示されました

ヤフーのホームページが表示されました。

ホームページが表示された

コラム アドレスって何？

アドレスとは、インターネット上にある**ホームページの場所**を示す、**住所**のようなものです。住所を間違えると投函した手紙が届かないのと同じように、アドレスを1文字でも間違えて入力すると、目的のホームページが表示されません。アドレスのことを、「**URL**（Uniform Resource Locator）」と呼ぶこともあります。

ホームページの下の方を見よう

縦に長いページは、下の方が隠れてしまっています。
ページをずらして、隠れている部分を見る方法を知りましょう。

1 ホームページの下の方を表示します

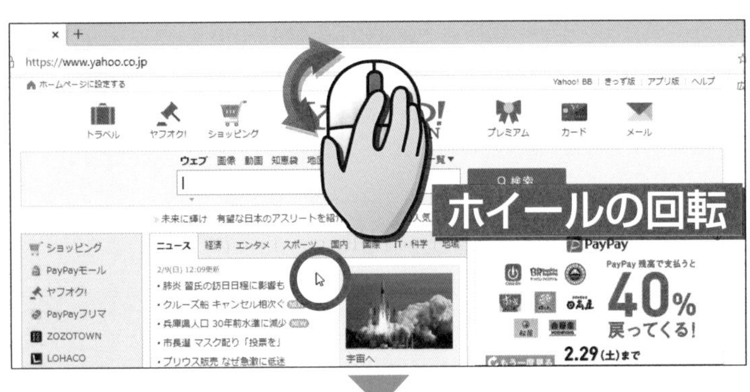

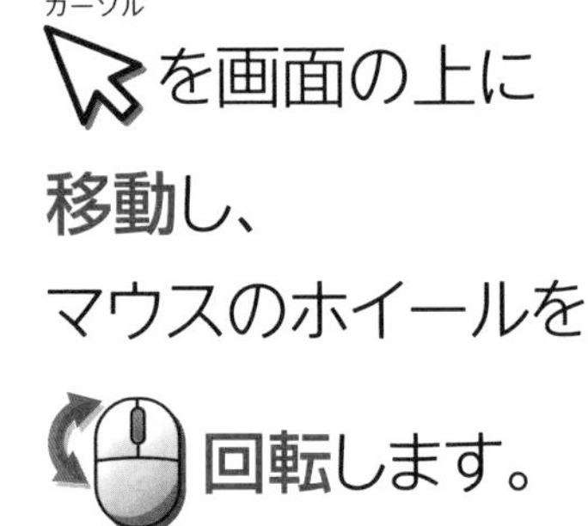

カーソルを画面の上に移動し、マウスのホイールを回転します。

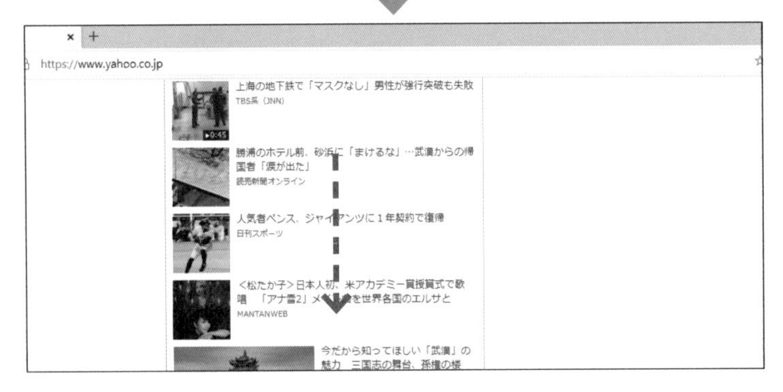

ページが下にずれて、隠れていた情報が表示されました。

2 画面の表示を元に戻します

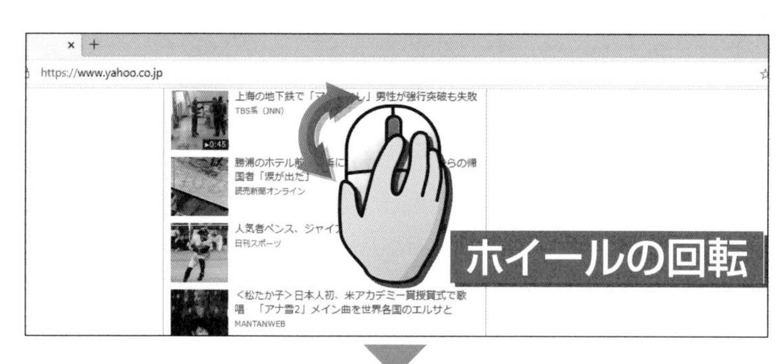

マウスのホイールを逆方向に

回転します。

ページが上にずれて、元の画面に戻りました。

コラム タッチパッドでも操作できる

ノートパソコンでは、機種によって、タッチパッド上で**2本指を上下にすべらせる**ことでマウスのホイールと同じ操作ができるものがあります。ただし、マウスのホイールに比べて使いにくいので、慣れないうちはマウスを使用することをおすすめします。

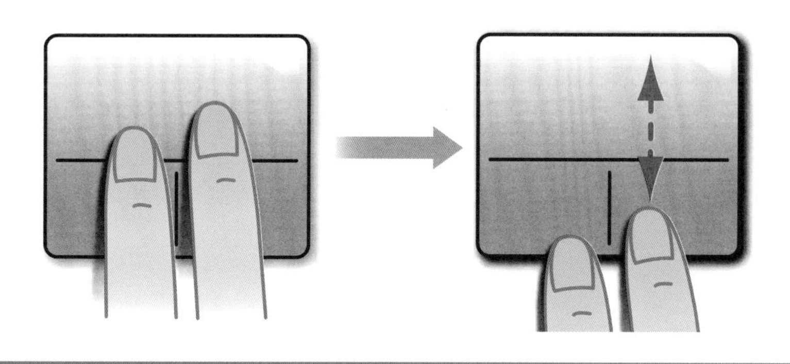

別のページに移動しよう

ホームページの中で見たい項目を左クリックすると、別のページに移動できます。興味のある項目を左クリックしてみましょう。

操作  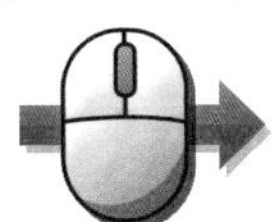 移動 ▶P.016 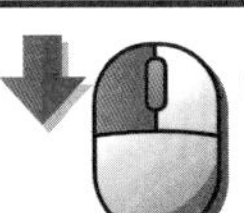 左クリック ▶P.017  回転 ▶P.014

1 見たい項目を左クリックします

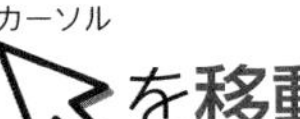に

カーソルを移動します。

カーソルの形が

に変わったら、

左クリックします。

ポイント！

ここでは、ヤフーの中にある「ニュース」のページに移動します。

2 見たいニュースを左クリックします

ニュースのページに
移動しました。

見たいニュースの項目に
カーソルを移動して、

左クリックします。

3 ニュースのページが表示されました

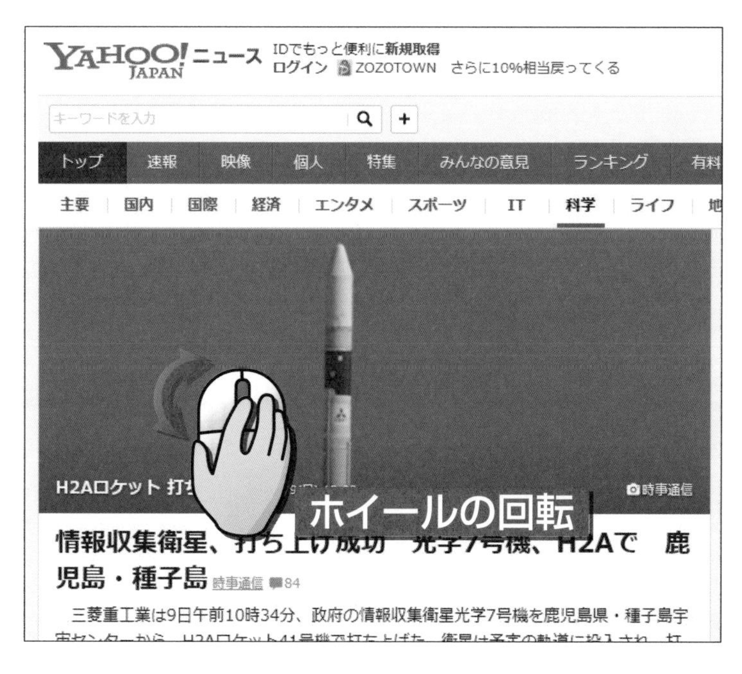

ニュースのページに
移動しました。

マウスのホイールを

回転すると、

ニュースのページの
下の方が表示されます。

前に見ていたページに戻ろう

直前に見ていたホームページをもう一度見たいときは、
「戻る」ボタンを左クリックして、前のページに戻ることができます。

1 前のページに戻ります

画面の左上にある

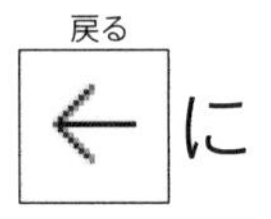

に

カーソル を移動して、

左クリックします。

2 前のページに戻りました

前に見ていたページに戻りました。

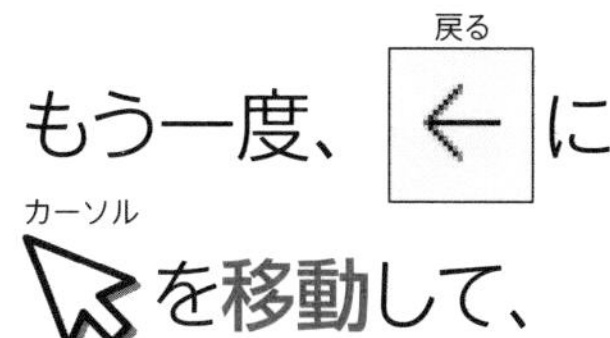

もう一度、←に

カーソル

を移動して、

左クリックします。

ポイント！

これ以上ページを戻れなくなると、←が←に変わります。

3 もうひとつ前のページに戻りました

もうひとつ前に見ていたページに戻りました。

→を左クリックすると、
戻ったページを反対に
進むことができます！

ホームページを印刷しよう

ホームページを印刷してみましょう。
あらかじめパソコンにプリンターをつないでおきます。

1 印刷画面を表示します

印刷したいホームページを表示しておきます。

設定など …を左クリックします。

印刷(P)を左クリックします。

2 印刷を実行します

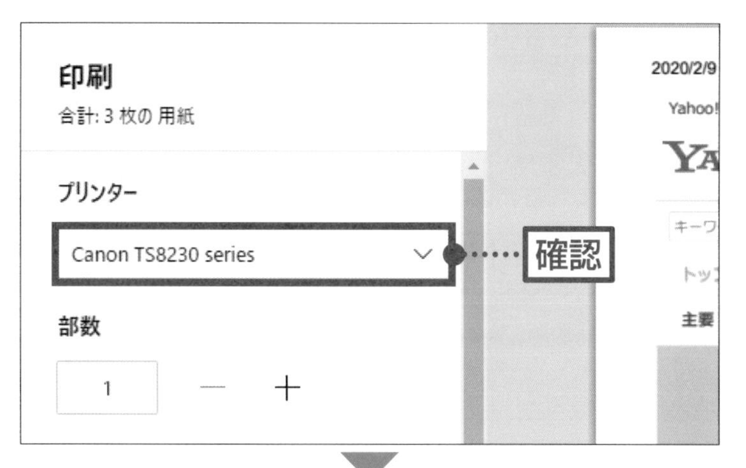

印刷するプリンターを確認します。

ポイント!

印刷するプリンターが選択されていない場合は、☑を左クリックして選択します。

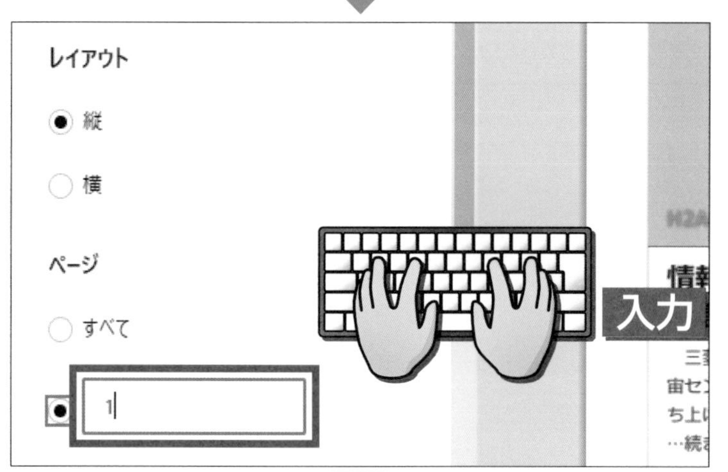

ページ の 例: 1-5、8、11-13 に「1」と 入力します。

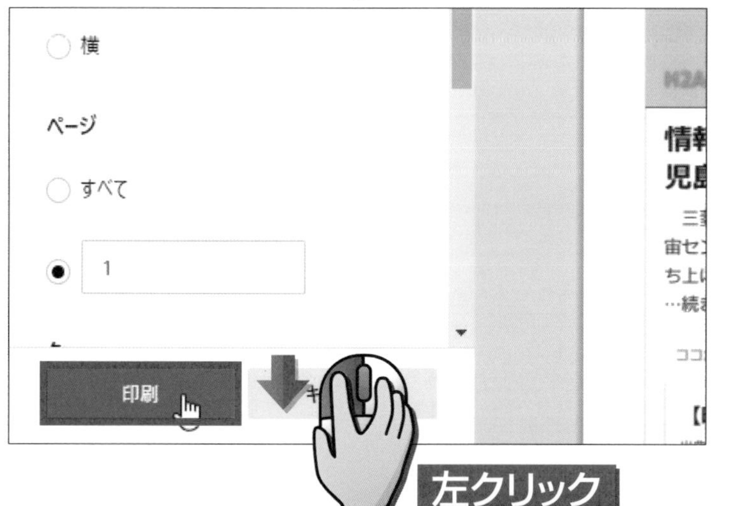

を 左クリックすると、印刷されます。

ポイント!

ここでは、1ページ目だけを印刷します。

ブラウザーを終了しよう

ホームページを見終わったら、ブラウザーを終了しましょう。
ブラウザーを終了すると、デスクトップ画面に戻ります。

1 ブラウザーを終了します

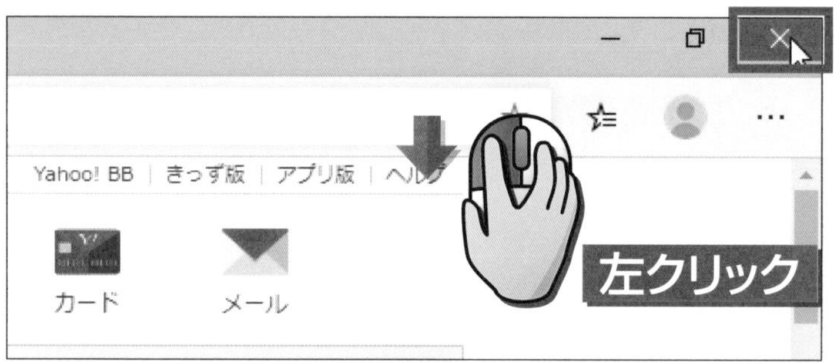

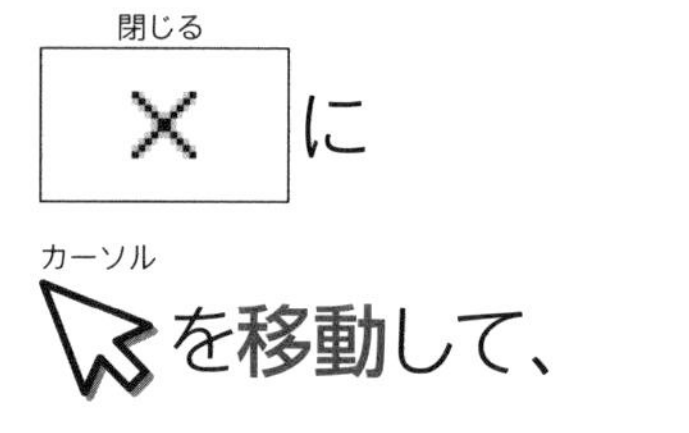

に

カーソル を移動して、

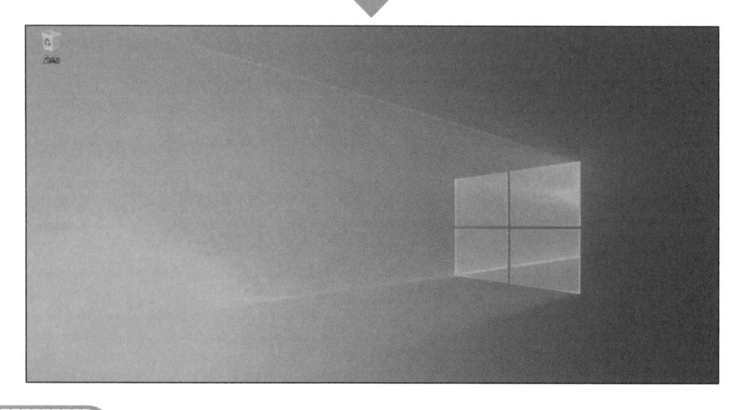

ブラウザーが終了し、デスクトップ画面に戻ります。

第4章

4 インターネットのサービスを利用しよう

この章で学ぶこと

- 今日の天気や週間予報を見られますか?
- 見たい場所の地図を表示できますか?
- 電車の時刻表を調べられますか?
- 電車の乗り換え案内を調べられますか?
- インターネットで動画を見られますか?

この章でやることを知っておこう

この章では、ホームページの便利なサービスを紹介します。
天気予報や電車の乗り換え案内を調べたり、地図を表示したりしてみましょう。

便利なホームページを見てみよう

ホームページでは、さまざまなサービスを利用できます。
ここでは、**日常生活に便利なサービス**を紹介します。

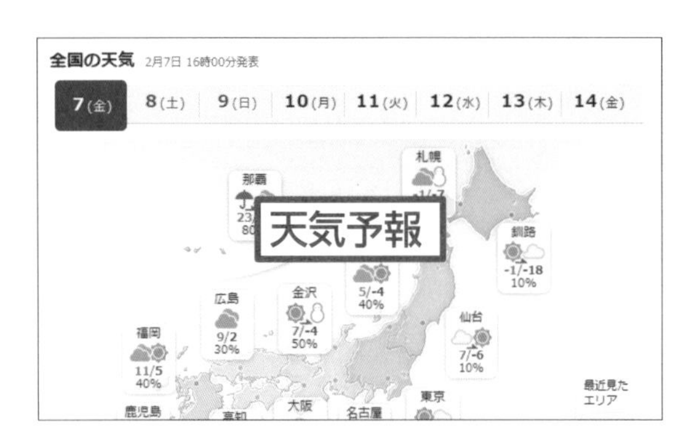

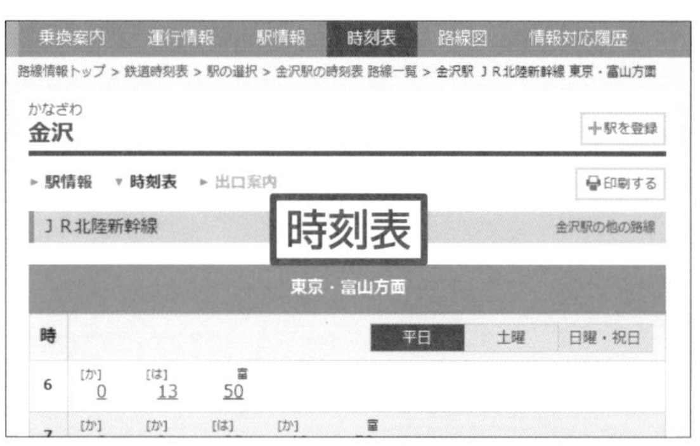

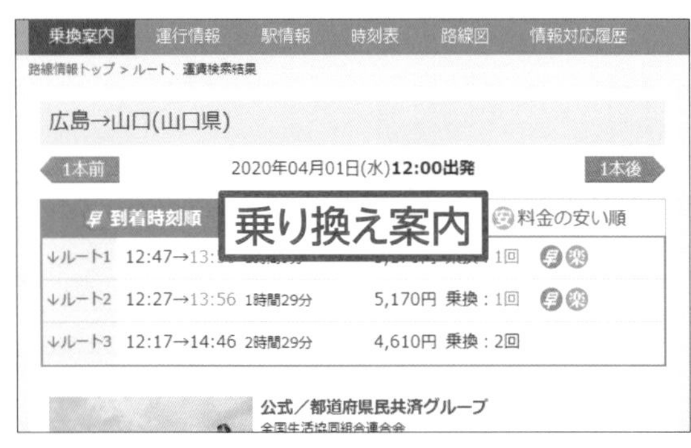

 この章の流れ

この章では、サービスを利用するために次の操作を学びます。

ホームページを便利に使って、インターネットライフを楽しんでください！

ホームページには、目的に合わせていろいろなサービスが揃っているよ！

天気予報を調べよう

インターネットで、天気予報を調べてみましょう。
見たい地域を選択して、その場所の天気予報を表示することができます。

1 天気のページを開きます

44ページの方法で、ブラウザーを起動します。
48ページの方法で、ヤフーのページを表示します。

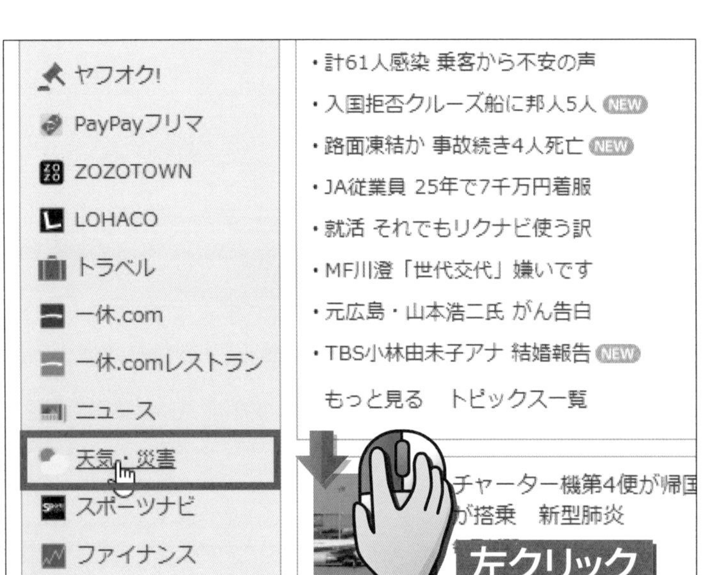

に カーソル を移動します。

カーソル の形が 👆 に変わったら、

2 天気のページが表示されます

天気のページが表示されます。

マウスのホイールを

回転します。

ページの下の方が表示されます。

3 詳しく見たい地域を選びます

天気予報を詳しく見たい地域を

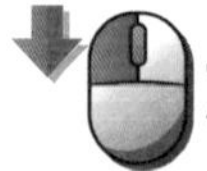左クリックします。

ポイント！

ここでは、「福岡」を左クリックしています。

次へ >>>

4 さらに詳しく見たい地域を選びます

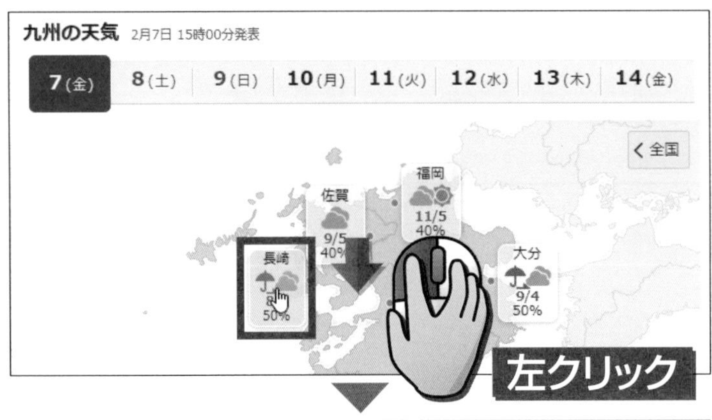

詳しく見たい県を

ポイント！

ここでは、「長崎」を左クリックしています。

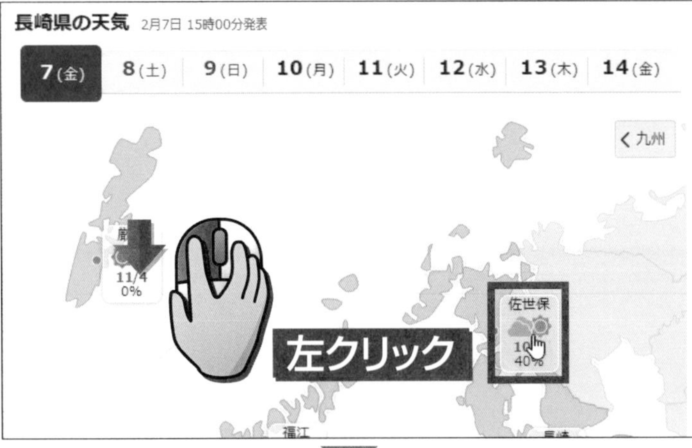

県内の
詳しく見たい地域を

ポイント！

ここでは、「佐世保」を左クリックしています。

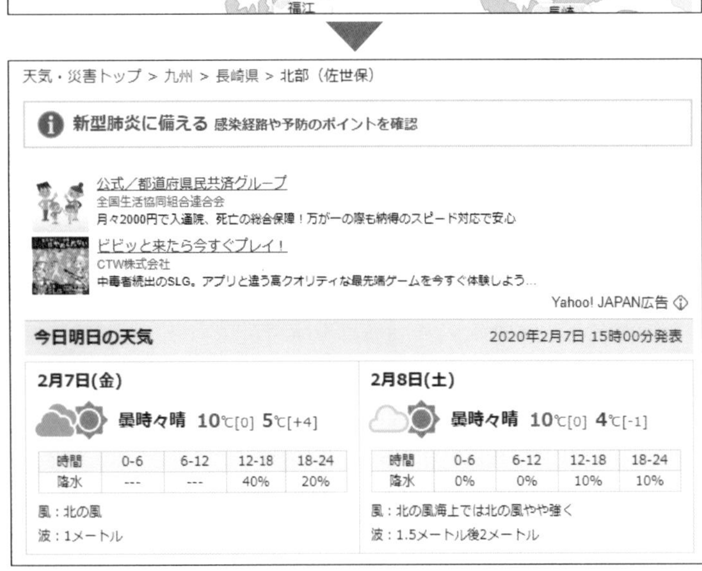

地域の詳細な
天気予報が
表示されました。

コラム 週間の天気予報を表示するには

前のページで表示した天気予報の下には、
週間の天気予報が表示されています。
マウスのホイールを回転して、週間の天気予報を見てみましょう。

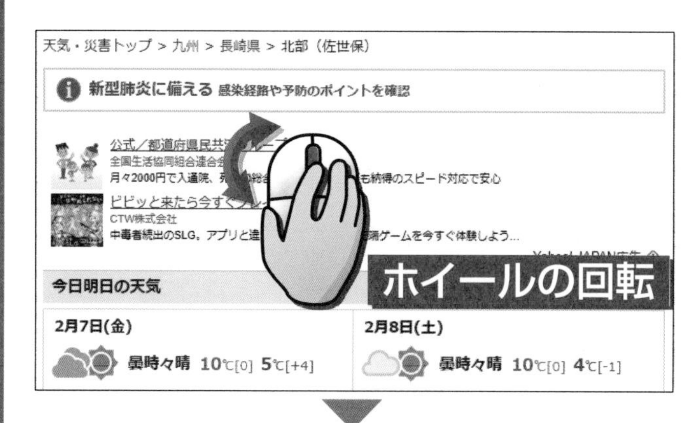

マウスのホイールを

回転します。

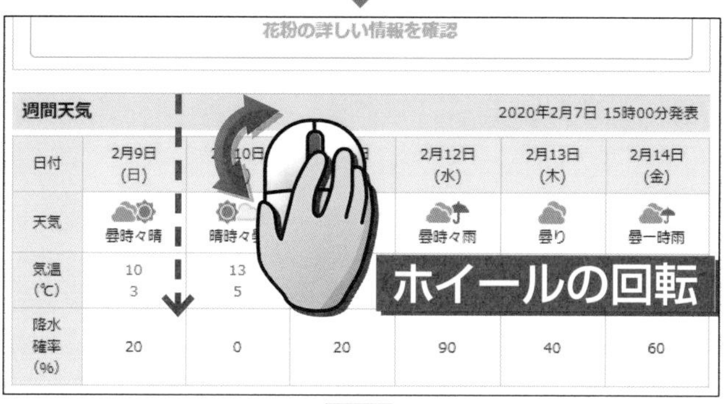

週間天気予報が
表示されます。
マウスのホイールを
逆方向に

回転します。

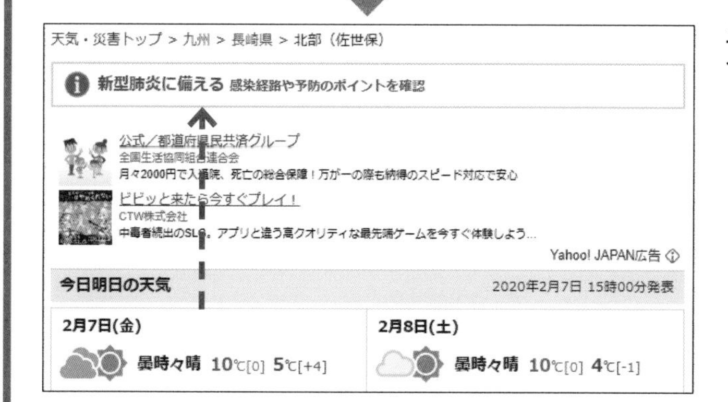

元の画面に戻りました。

地図を見よう

外出先で道に迷わないように、インターネットで地図を確認しましょう。
キーワードや住所を入力して、目的の場所の地図を表示します。

1 ページの下の方を表示します

48ページの方法で、ヤフーのページを表示しておきます。

マウスのホイールを

回転して、

ページの下の方を表示します。

2 地図のページを開きます

を

左クリックします。

ポイント!

アドレスバーに次のようなメッセージが表示された場合は、「許可」を左クリックします。

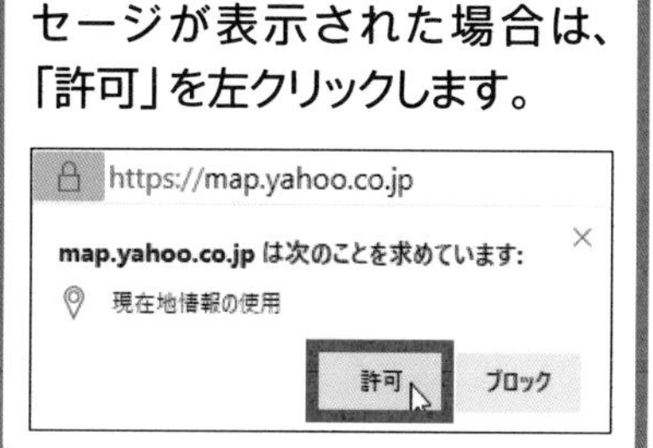

3 入力欄を左クリックします

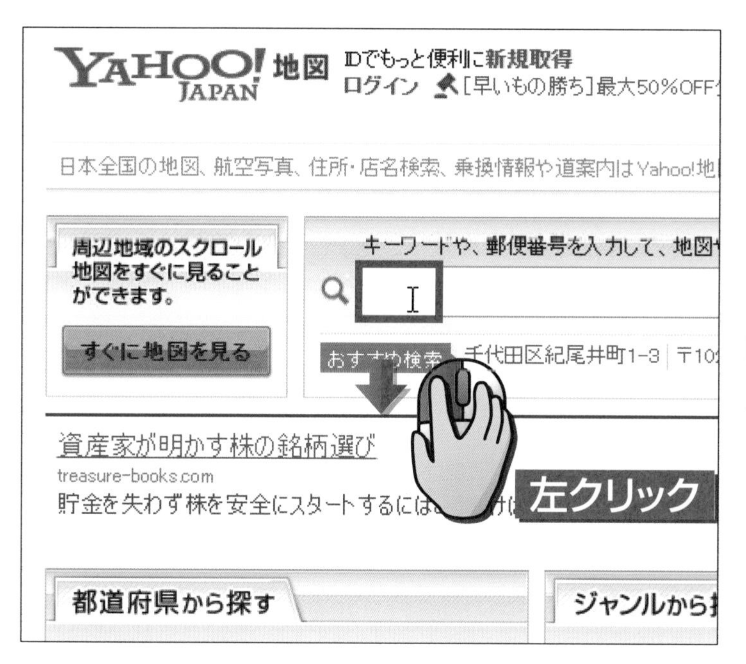

地図のページが表示されました。

の右側の

を

左クリックします。

次へ >>>

4 場所や住所を入力します

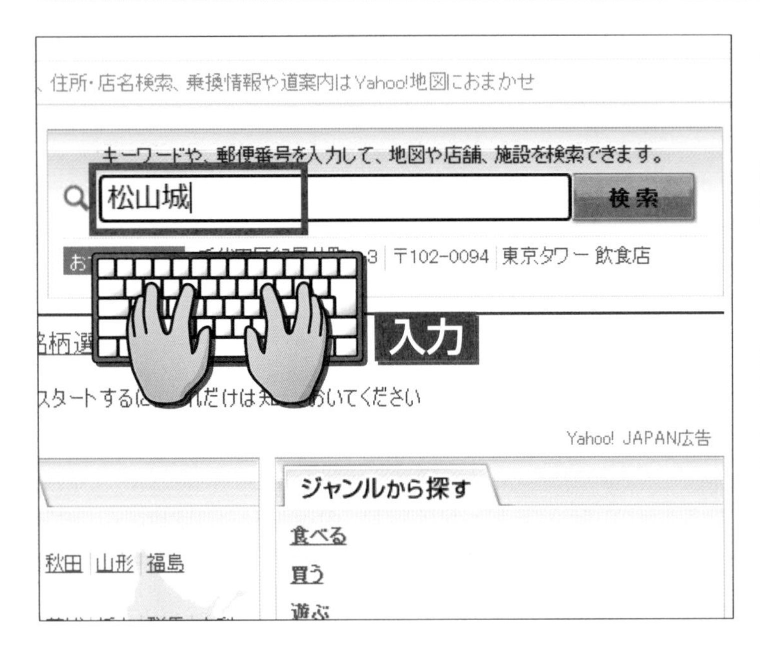

キーワード（ここでは「松山城」）を入力します。

ポイント！

日本語の入力ができない場合は、半角/全角キーを押してあに切り替えます。

5 地図を検索します

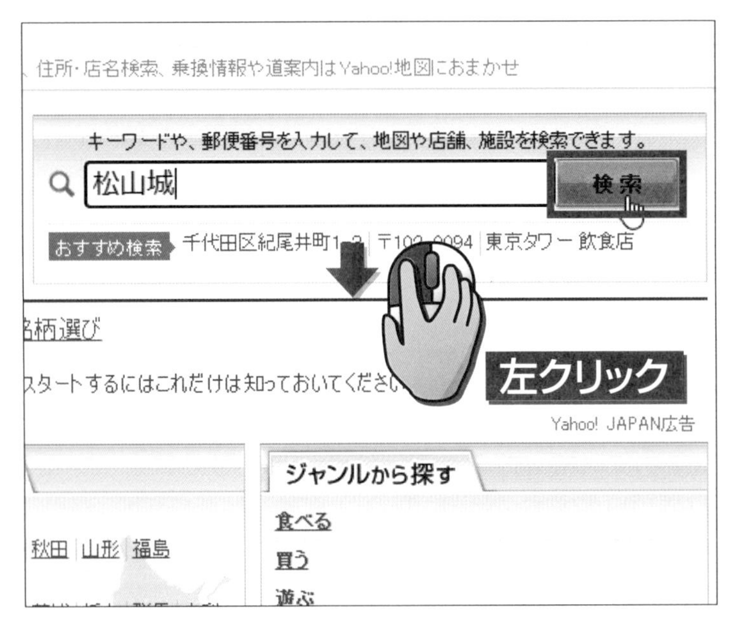

検索に

カーソルを移動して、

左クリックします。

6 見たい場所を選びます

ウェブ　画像　動画　知恵袋　地図　リアルタイム　求人　一覧

松山城

◉地図検索　○周辺検索

16件　1～16件目　日本国内のランドマークの検索結果

松山城 - その他文化施設
愛媛県松山市丸之内1

松山城 - 城
愛媛県松山市丸之内1

松山城 - ビル
愛媛県松山市丸之内

松山城二ノ丸の跡 - ビル
鹿児島県志布志市松山町新橋

セブンイレブン松山城
愛媛県松山市大街道3丁目2-30

左クリック

検索結果が
表示されます。

見たい場所を

左クリックします。

7 地図が表示されます

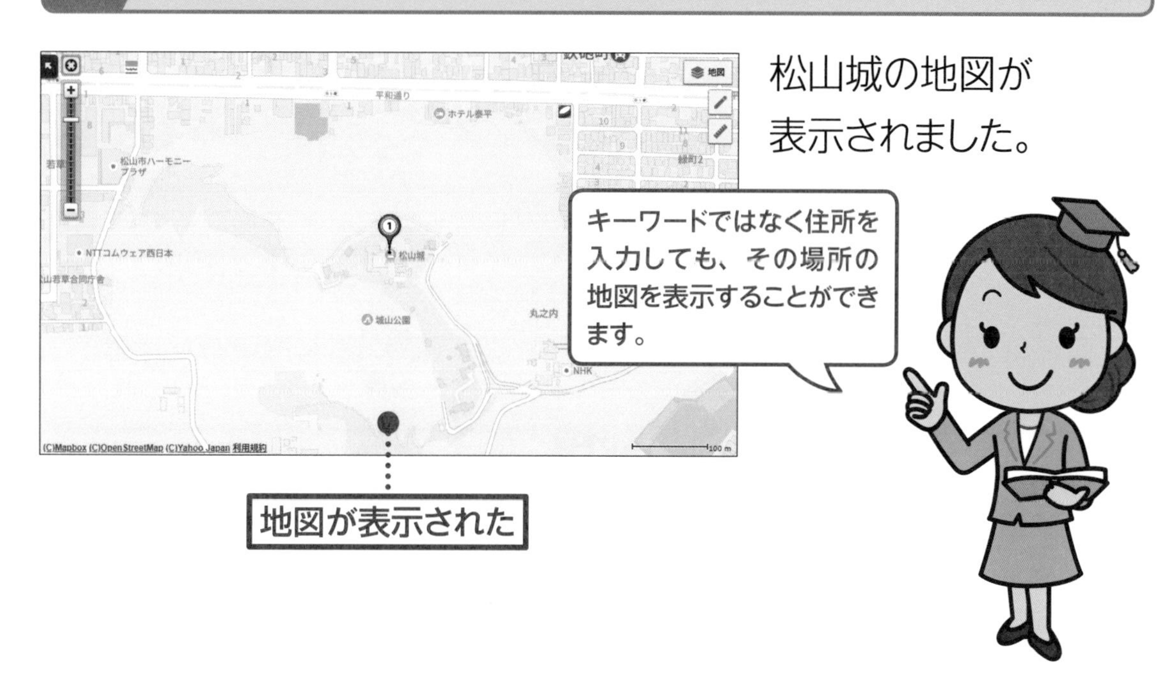

松山城の地図が
表示されました。

地図の表示場所を移動しよう

前のページで表示した地図の位置を移動してみましょう。
ドラッグ操作で、地図の上の方や下の方を見てみます。

1 地図のページを開きます

68ページの方法で、地図のページを表示しておきます。

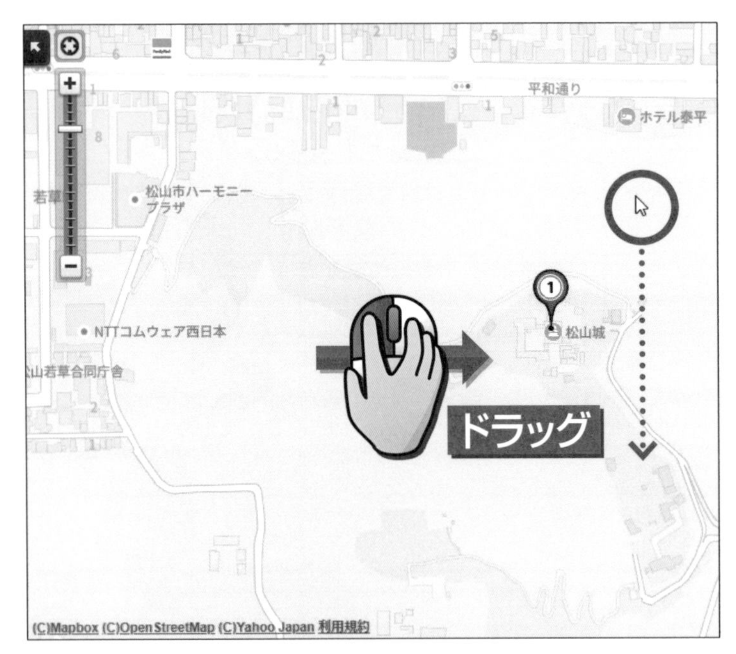

地図の上に、
カーソル を移動します。

マウスを下方向に

ドラッグします。

2 地図の上の方が表示されます

地図の上の方が
表示されました。

マウスを左方向に

ドラッグします。

ポイント!

地図の上の方を表示するときは下方向、下の方を表示するときは上方向にドラッグします。

3 地図の右の方が表示されます

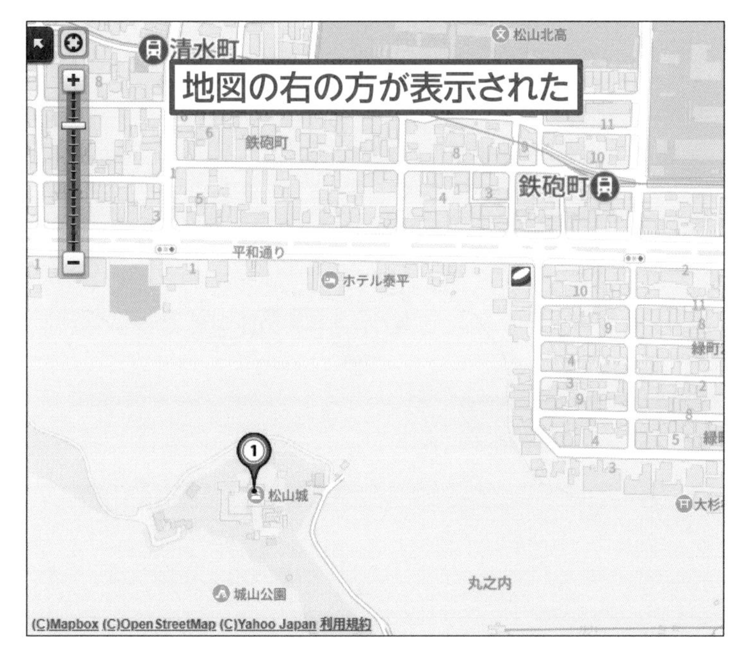

地図の右の方が
表示されました。

ポイント!

地図の右の方を表示するときは左方向、左の方を表示するときは右方向にドラッグします。

地図の縮尺を変えよう

地図の内容は、拡大・縮小して表示できます。
地図の縮尺を変えて、広範囲や詳細な地図を見てみましょう。

1 地図のページを開きます

68ページの方法で、地図のページを表示しておきます。

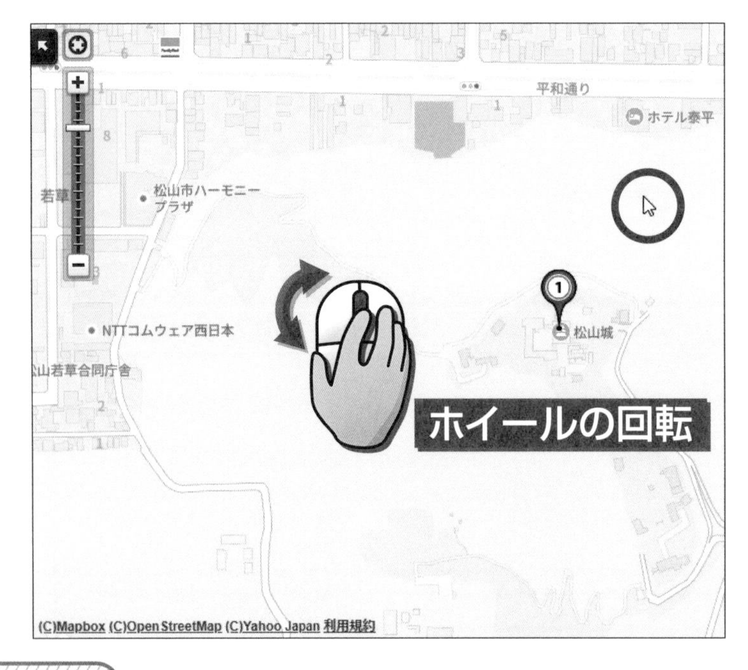

地図の上に、カーソルを**移動**します。

マウスのホイールを

回転します。

2 地図が縮小しました

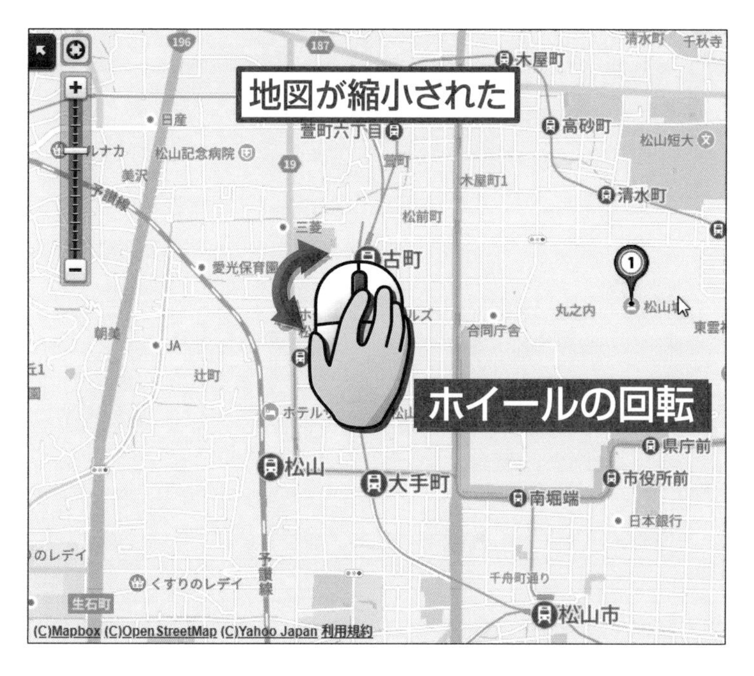

地図が縮小して表示されます。

マウスのホイールを反対方向に回転します。

3 地図が拡大しました

地図が拡大して表示されます。

ポイント！

地図の左上にある＋と－を左クリックしても、地図の拡大と縮小ができます。

地図を印刷しよう

地図を印刷して、外出先で見られるようにしましょう。
印刷の前に、パソコンにプリンターを接続し、電源を入れておきます。

1 印刷画面を表示します

68ページの方法で、印刷したい地図を表示しておきます。

地図の右上にある 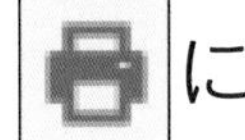 に カーソル を移動して、左クリックします。

ポイント！

プリンターに用紙がセットされていることをあらかじめ確認してください。

2 印刷画面を確認します

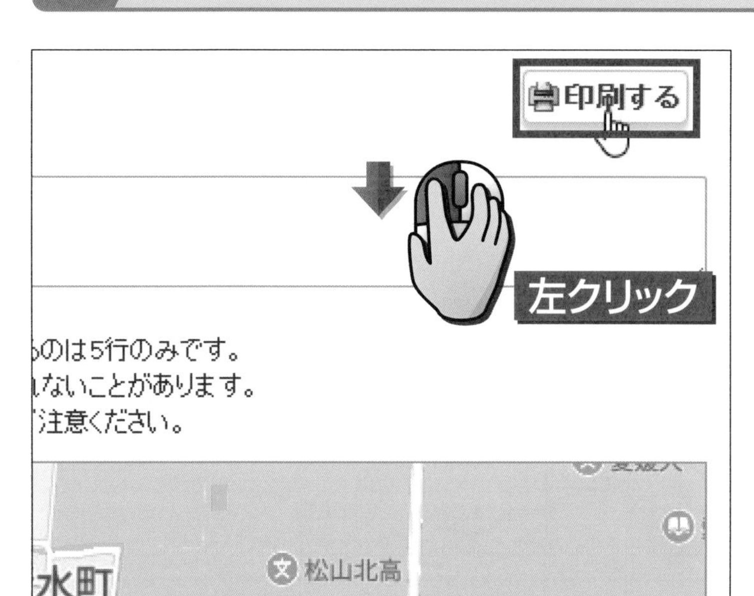

印刷イメージが表示されます。

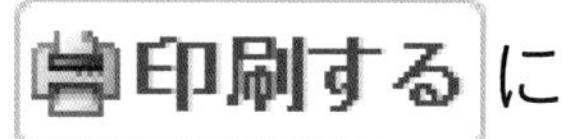 に カーソルを移動して、左クリックします。

3 印刷を実行します

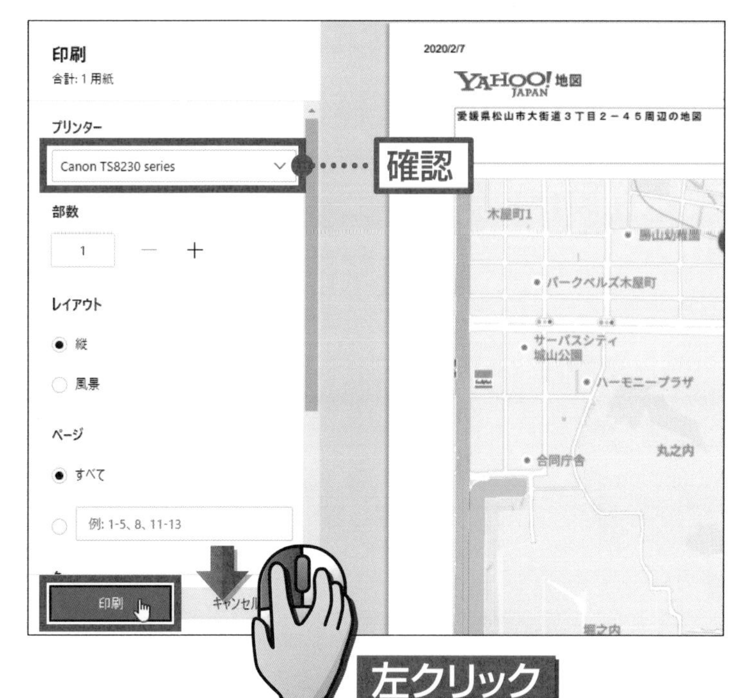

印刷するプリンターを確認します。

 を 左クリックすると、印刷されます。

ポイント！

印刷するプリンターが選択されていない場合は、☑を左クリックして選択します。

電車の時刻表を調べよう

インターネットで、電車の時刻表を調べてみましょう。
平日や土曜日、日曜祝日の時刻表を確認できます。

操作  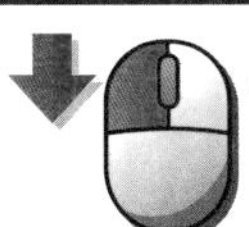 左クリック ▶P.017 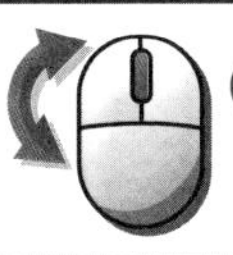 回転 ▶P.014  入力 ▶P.028

1 路線情報のページを開きます

48ページの方法で、ヤフーのページを表示しておきます。

マウスのホイールを  回転して、ページの下の方を表示します。

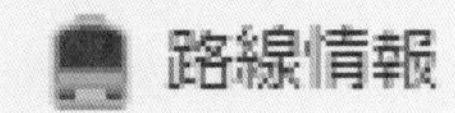 を  左クリックします。

2 時刻表のページを表示します

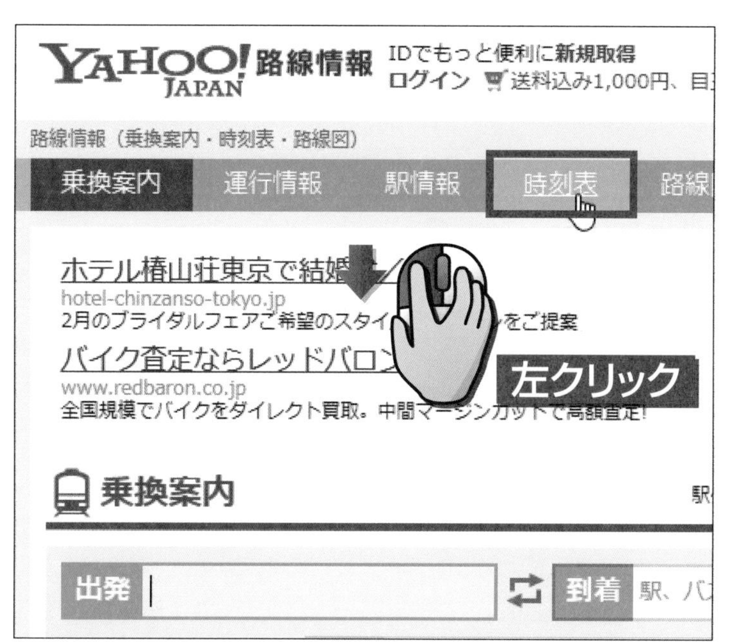

を

左クリックします。

ポイント！

ここでは、金沢駅の時刻表を調べます。日本語の入力ができない場合は、半角/全角キーを押してあに切り替えます。

3 駅名を入力します

を

左クリックします。

時刻表を調べる駅名（ここでは「金沢」）を

入力します。

次へ >>>

4 検索を実行します

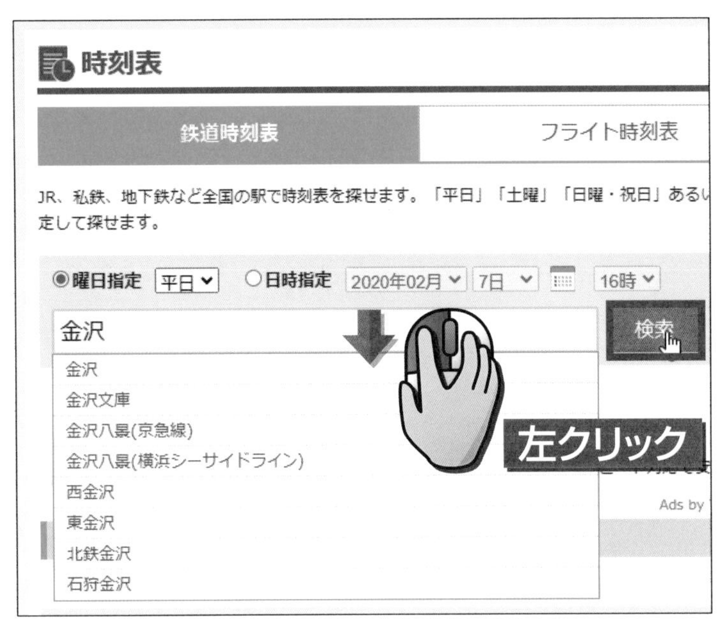

に

カーソル を移動して、

左クリックします。

5 駅を選択します

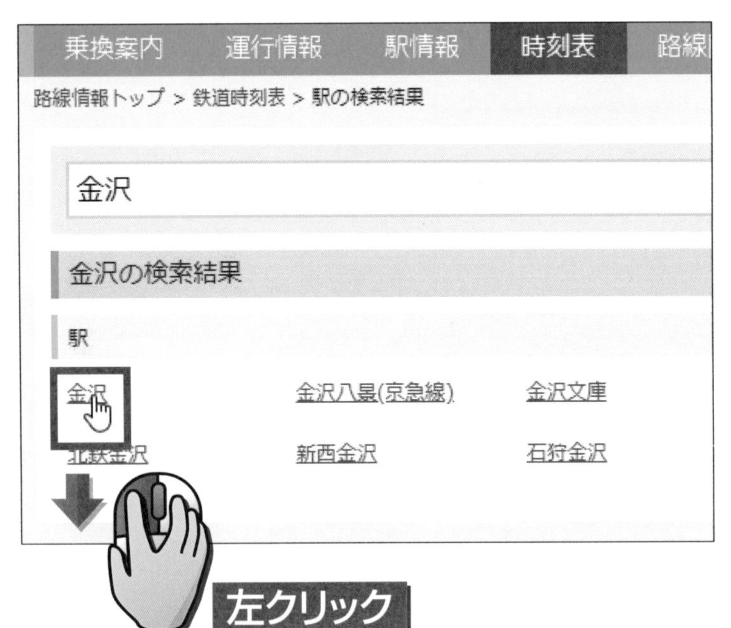

複数の駅が
検索された場合は、
時刻表を調べる駅を

左クリックします。

ポイント！

ここでは「金沢」を左クリックします。

6 路線や方面を選択します

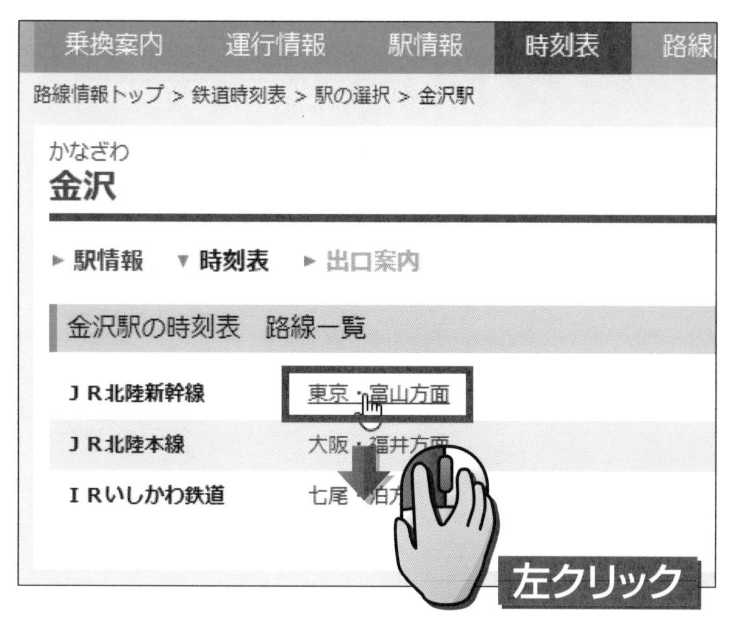

複数の路線や
行先の方面が
表示された場合は、
路線と方面を選んで

左クリックします。

ポイント！

ここでは「東京・富山方面」を左クリックします。

7 時刻表が表示されました

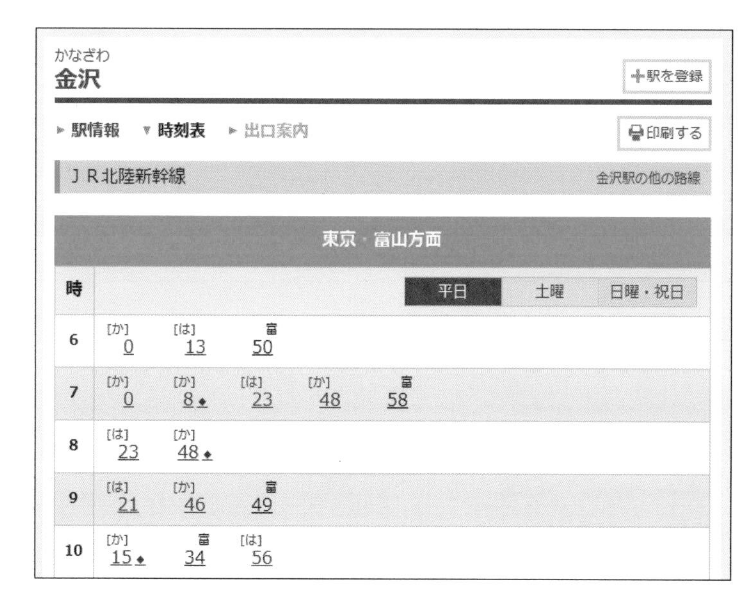

時刻表が
表示されました。

ポイント！

土曜 や 日曜・祝日 を左クリックすると、土曜や日曜・祝日の時刻表に切り替えられます。

時刻表を印刷しよう

時刻表を印刷して、外出先で見られるようにしましょう。
印刷の前には、パソコンにプリンターを接続し、電源を入れておきます。

1 印刷画面を表示します

78ページの方法で、印刷したい時刻表を表示しておきます。

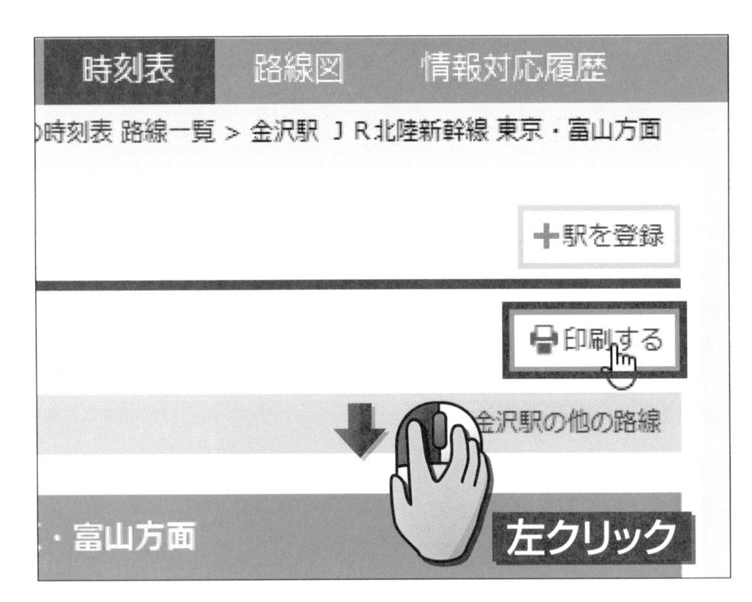

時刻表の右上にある 印刷する に カーソル を**移動**して、**左クリック**します。

ポイント!

プリンターに用紙がセットされていることをあらかじめ確認してください。

2 印刷画面を確認します

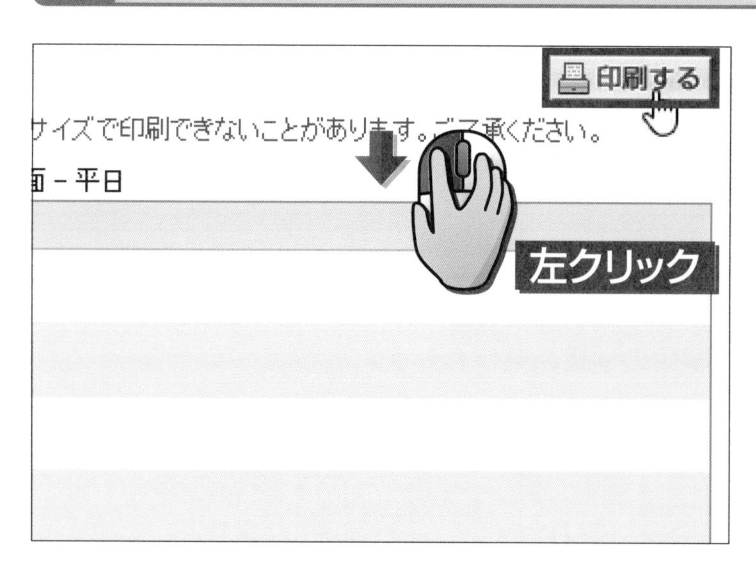

印刷イメージが表示されます。

に

カーソルを移動して、

左クリックします。

3 印刷を実行します

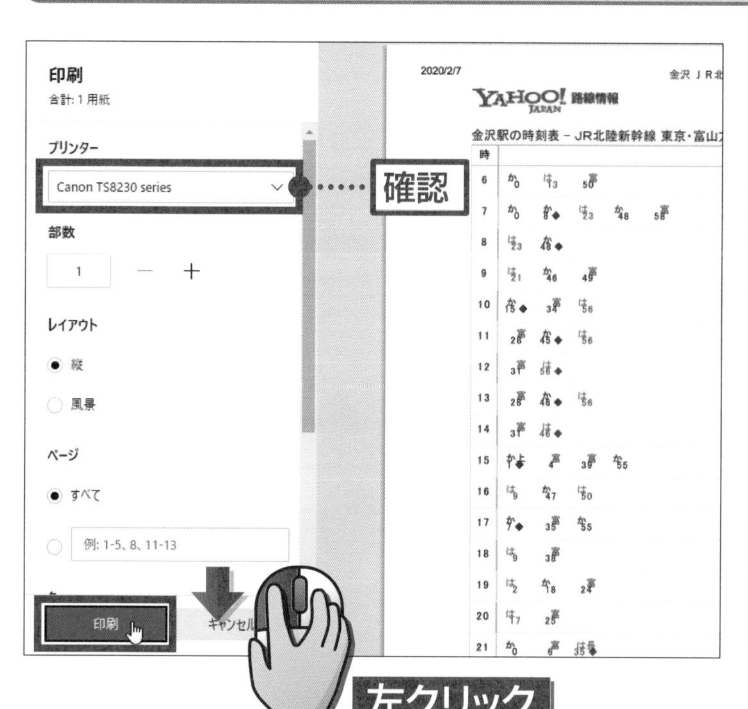

印刷するプリンターを確認します。

を

左クリックすると、

印刷されます。

ポイント!

印刷するプリンターが選択されていない場合は、∨を左クリックして選択します。

電車の乗り換え案内を調べよう

インターネットで、外出先までの電車の乗り換えルートを調べてみましょう。
出発予定の日時を入れると、電車の到着時刻がわかります。

操作
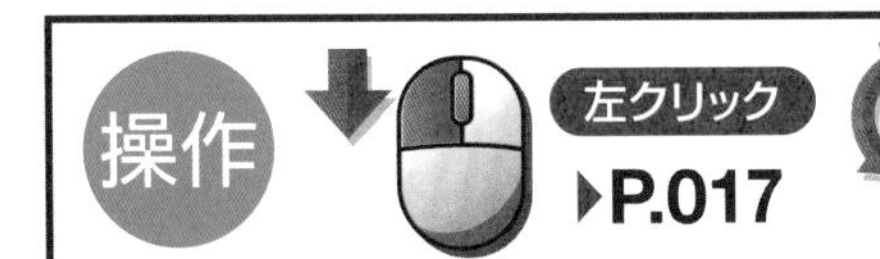

▶P.017

▶P.014

▶P.028

1 路線情報のページを開きます

48ページの方法で、ヤフーのホームページを表示しておきます。

マウスのホイールを

回転して、

ページの下の方を表示します。

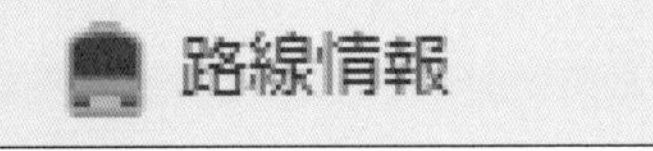を

左クリックします。

2 出発駅と到着駅を入力します

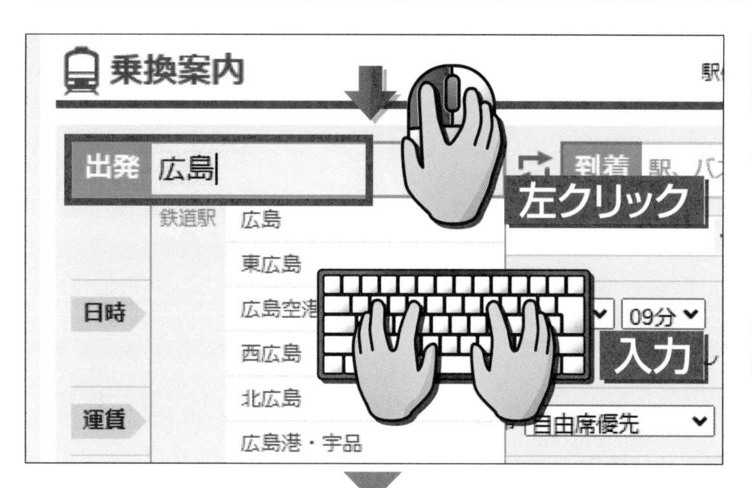

出発 駅、バス停、 を 左クリックして、出発駅（「広島」）を 入力します。

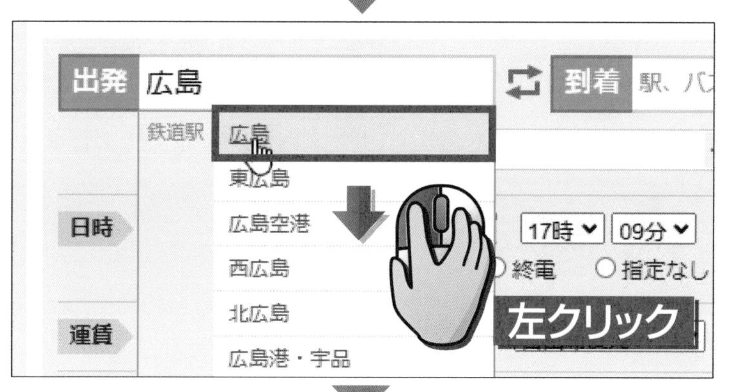

駅の候補が表示されるので、調べたい駅を 左クリックします。

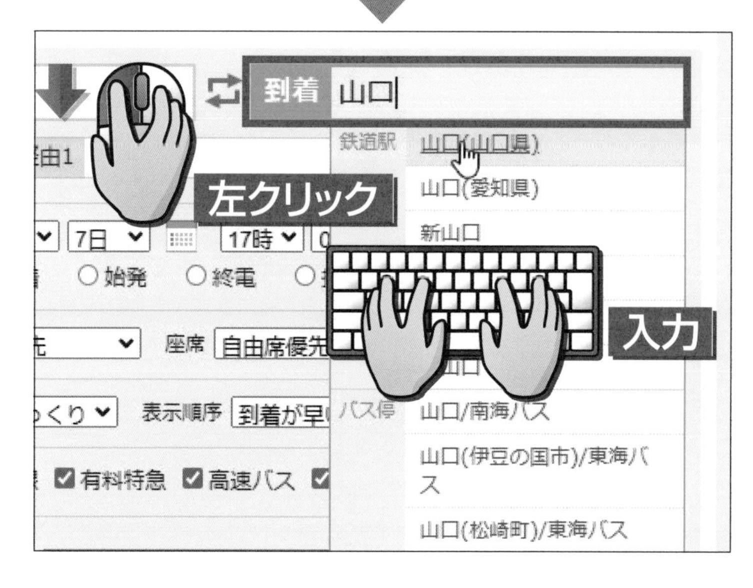

到着 駅、バス停、 を 左クリックして、到着駅（「山口」）を 入力します。

次へ ›››

3 出発する日付と時間を指定します

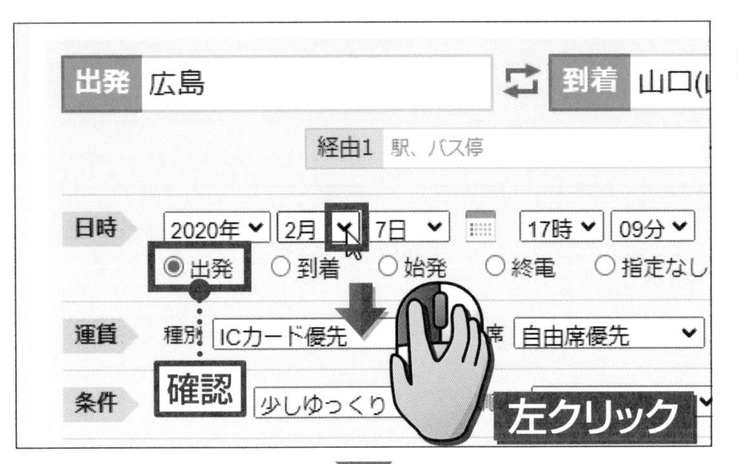

が◉に

なっていることを

確認します

の˅を

左クリックします。

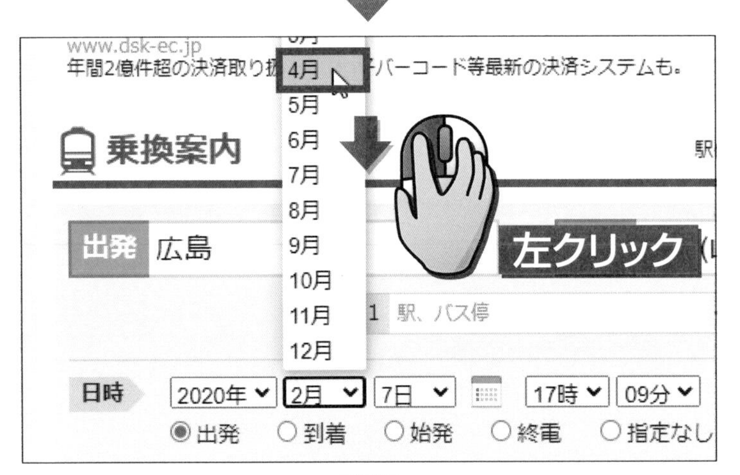

出発日の月を

左クリックします。

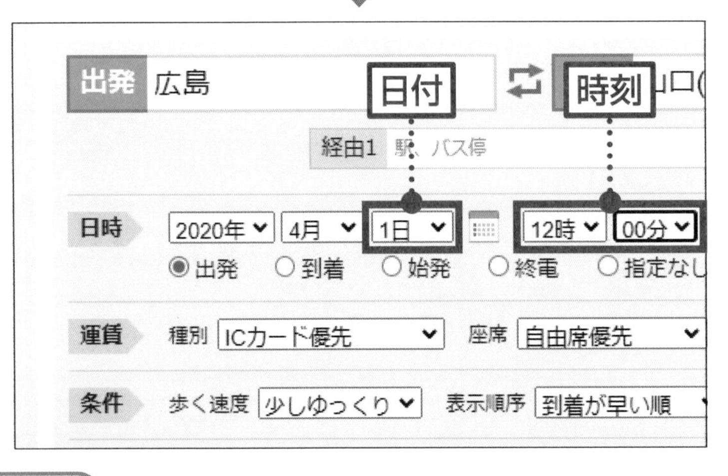

同様の方法で、

出発予定の日付と

時刻を指定します。

4 検索を実行します

に

カーソルを移動して、

左クリックします。

5 ルートと到着時間が表示されました

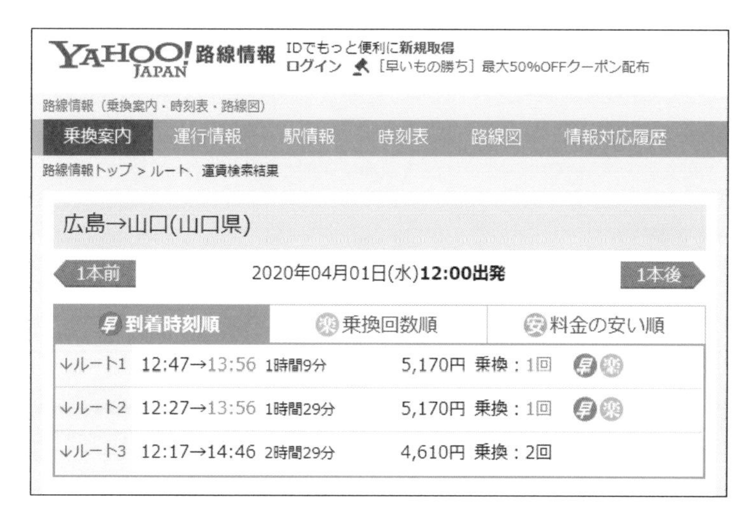

指定した日時の
乗り換えルートが
表示されました。

マウスホイールを

回転すると、

詳細が表示されます。

乗り換え案内を印刷しよう

乗り換え案内を印刷して、外出先で見られるようにしましょう。
印刷の前には、パソコンにプリンターを接続し、電源を入れておきます。

1 印刷画面を表示します

84ページの方法で、印刷したい乗り換え案内を表示しておきます。

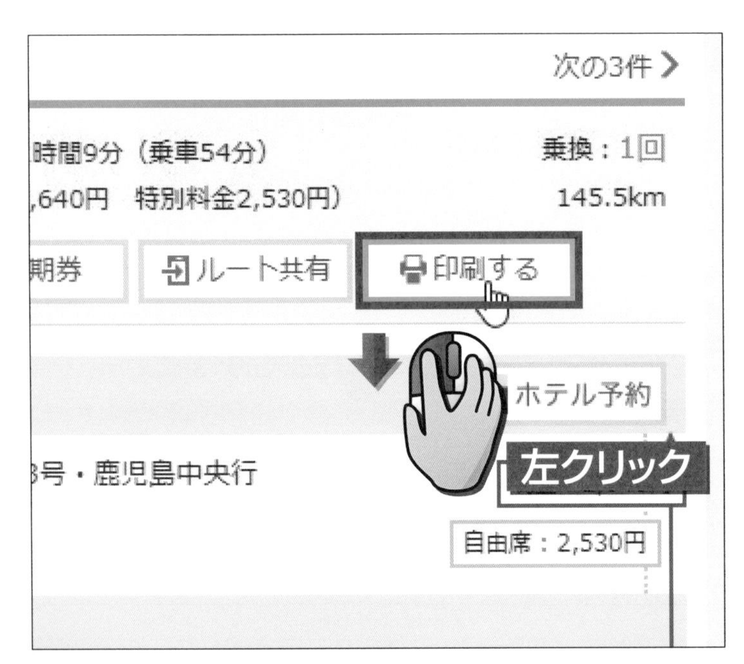

印刷する に

カーソル を移動して、

左クリックします。

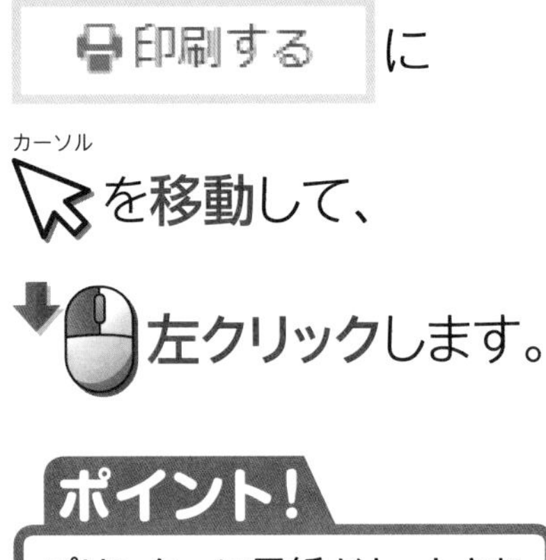

ポイント！
プリンターに用紙がセットされていることをあらかじめ確認してください。

2 印刷画面を確認します

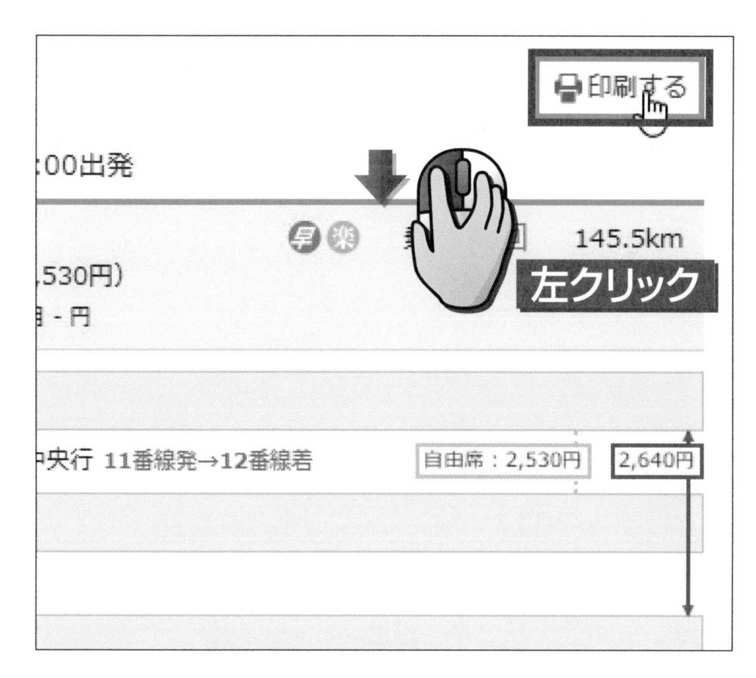

別のページが開いて、印刷イメージが表示されます。

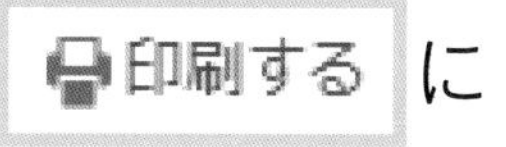

に

を移動して、

3 印刷を実行します

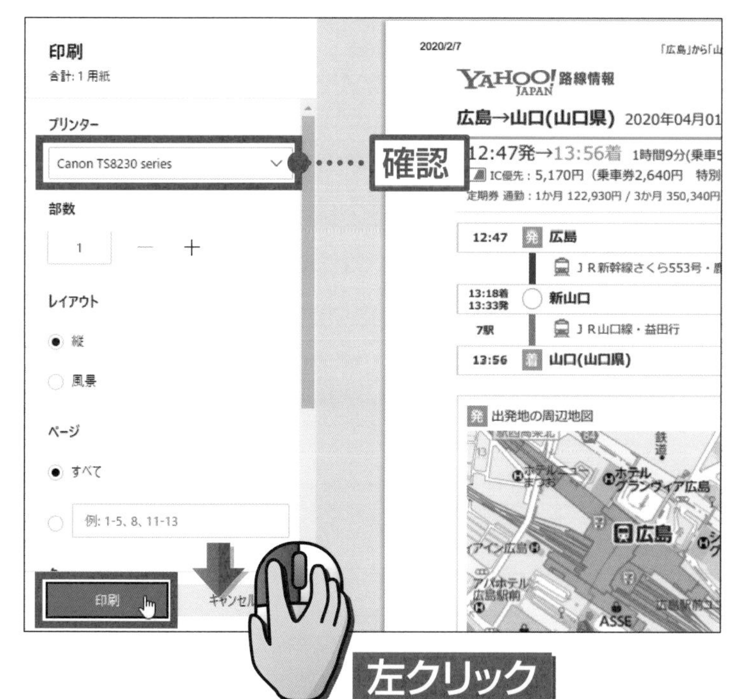

印刷するプリンターを確認します。

印刷 を

ポイント！

印刷イメージのページは、別のタブで開きます。タブを閉じる方法は、116ページで解説しています。

動画を見よう

インターネットには、動画を公開しているサービスがあります。
ここでは、動画専門のサービスYouTube（ユーチューブ）を利用します。

1 「YouTube」のページを開きます

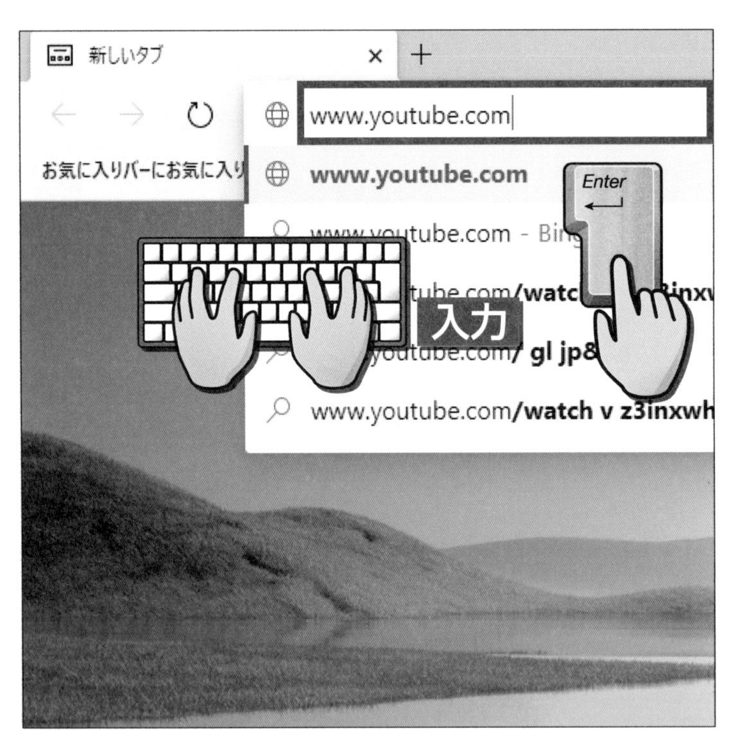

48ページの方法で、アドレスバーに「www.youtube.com」と

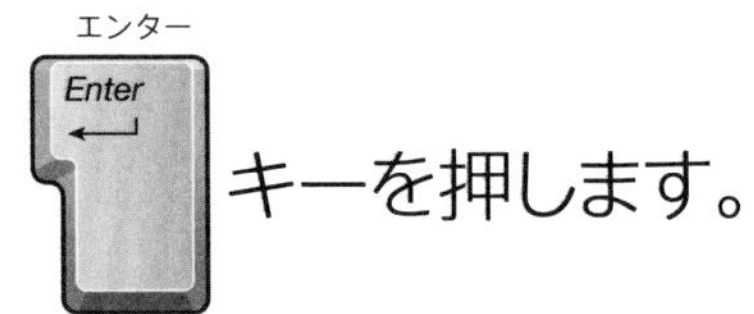

入力します。

Enter（エンター）キーを押します。

2 キーワードを入力します

YouTubeのページが開きます。

検索 に、見たい動画に関連するキーワードを入力します。

ポイント!

ここでは、「技術評論社」と入力しています。

3 検索を実行します

🔍 にカーソルを移動して、左クリックします。

次へ >>>

4 見たい動画を選びます

検索結果が表示されます。

見たい動画のタイトルにカーソルを移動して、

左クリックします。

5 動画が再生されました

動画の再生が始まります。

しばらくすると、動画が終了します。

ポイント！

60ページの方法で、ブラウザーを終了します。

第5章

5 インターネットで検索をしよう

この章で学ぶこと

- ホームページを検索できますか?
- 検索結果を絞り込めますか?
- 最新のニュースを調べられますか?
- 画像を検索できますか?

この章でやることを知っておこう

この章では、インターネットで見たい情報を検索する方法を紹介します。
お店や企業のホームページを探したり、気になるニュースを見たりします。

この章でやること

この章では、インターネットで**見たいホームページを探す**方法を紹介します。
インターネットでホームページを探すことを、**検索**といいます。

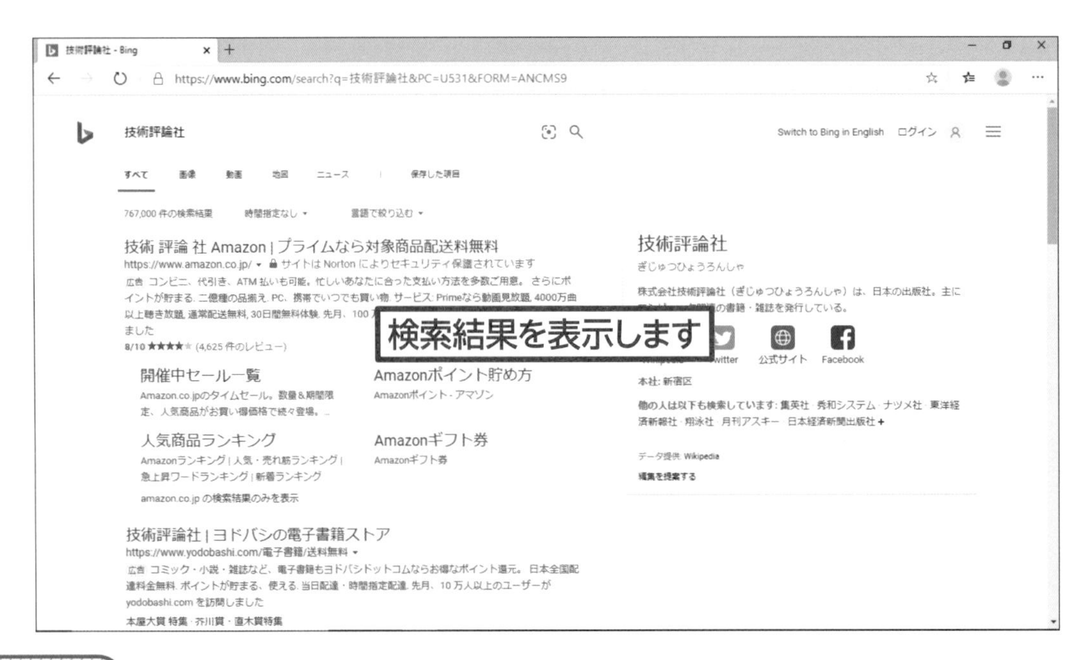

この章の流れ

この章では、ホームページを検索するために次の操作を学びます。

インターネットで情報を探すことを、検索といいます。検索はキーワードを入力して行います！

インターネットを使って、知りたい情報を見つける方法を学習するよ！

ホームページを検索しよう

ホームページは、キーワードを使って検索することができます。
知りたい情報に関係のあるキーワードを考えましょう。

1 キーワードを入力する準備をします

44ページの方法で、ブラウザーを起動しておきます。

アドレスバー
https://www.yahoo.co.jp に
カーソル
を移動して、
左クリックします。
ポイント！
アドレスバーには、今見ているホームページのアドレスが表示されています。

2 キーワードを入力して検索します

アドレスバーの文字が、青く反転します。

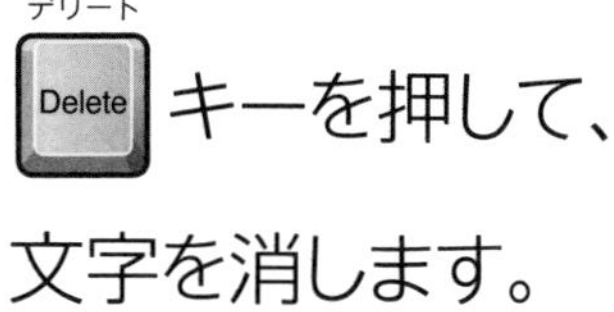

キーを押して、文字を消します。

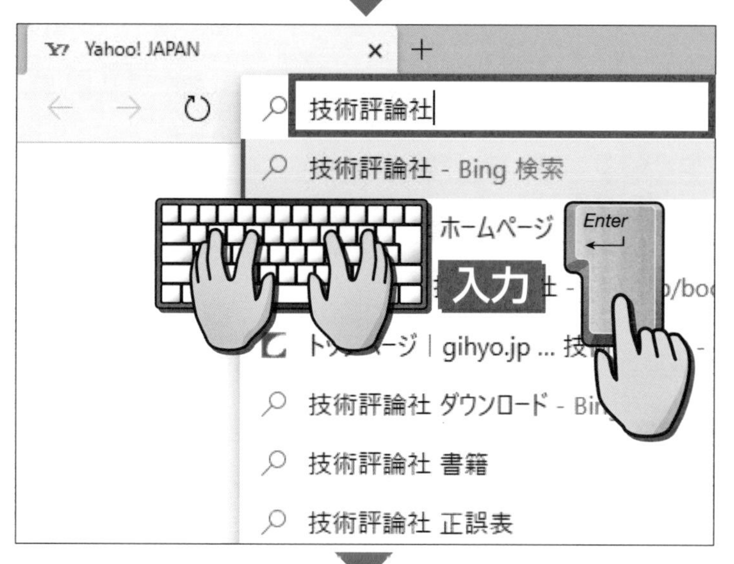

ホームページを探すためのキーワード（ここでは「技術評論社」）を

入力します。

エンター
Enter キーを押します。

技術評論社
すべて 画像 動画 地図 ニュース | 保存した項目
767,000 件の検索結果 時間指定なし 言語で絞り込む
技術 評論 社 Amazon | プライムなら対象商品配送料無料
https://www.amazon.co.jp/ サイトは Norton によりセキュリティ保護されています
広告 コンビニ、代引き、ATM 払いも可能。忙しいあなたに合った支払い方法を多数ご用意。
イントが貯まる. 二億種の品揃え. PC、携帯でいつでも買い物. サービス: Primeなら動画見放題,
以上聴き放題, 通常配送無料, 30日間無料体験. 先月、100 万人以上のユーザーが amazon.co.jp を
ました
8/10 ★★★★ (4,625 件のレビュー)

検索結果が表示されます。

ポイント!

見たいホームページに移動する方法は、次ページで解説します。

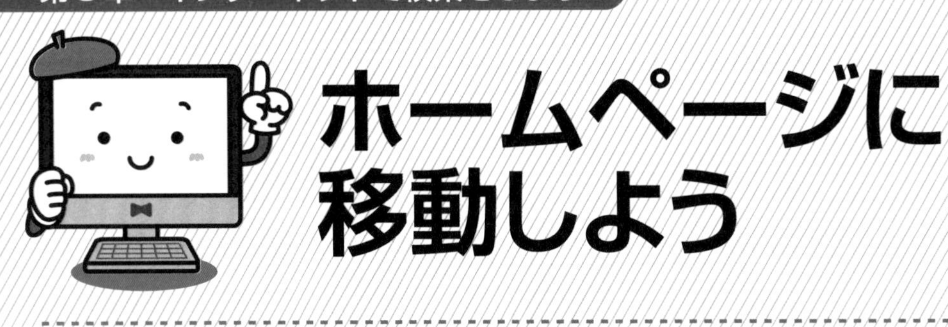

ホームページに移動しよう

前のページでは、ホームページを検索する方法を紹介しました。
ここでは、検索結果から見たいホームページを表示します。

1 検索結果を確認します

96ページの方法で、ホームページを検索します。

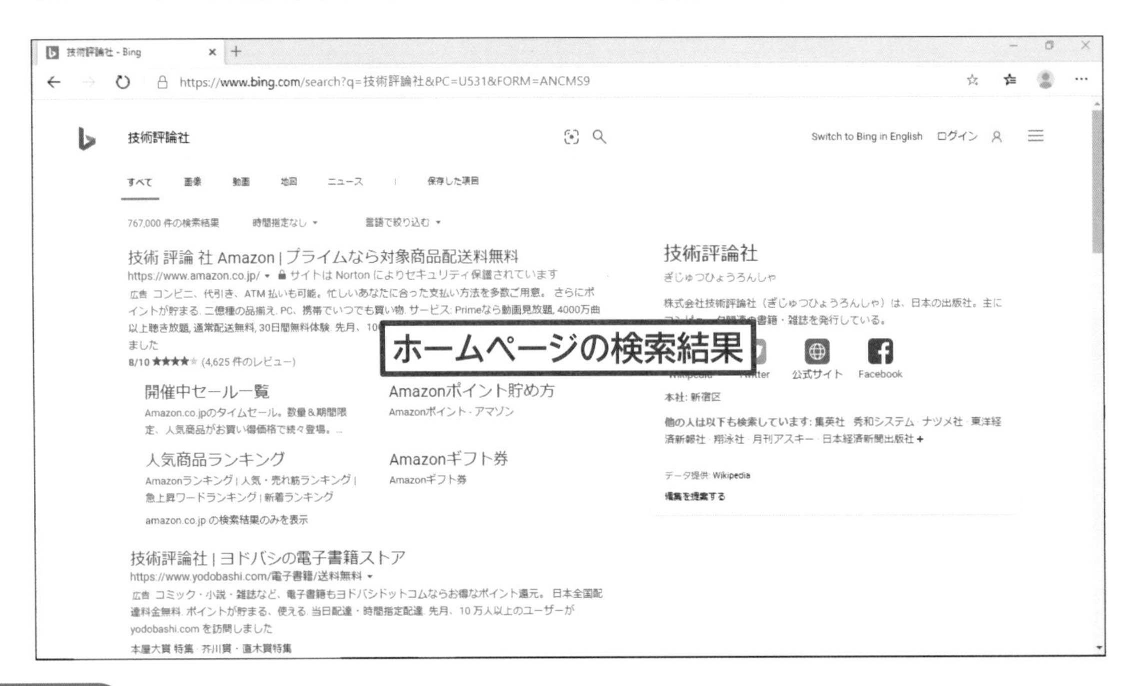

2 ホームページを表示します

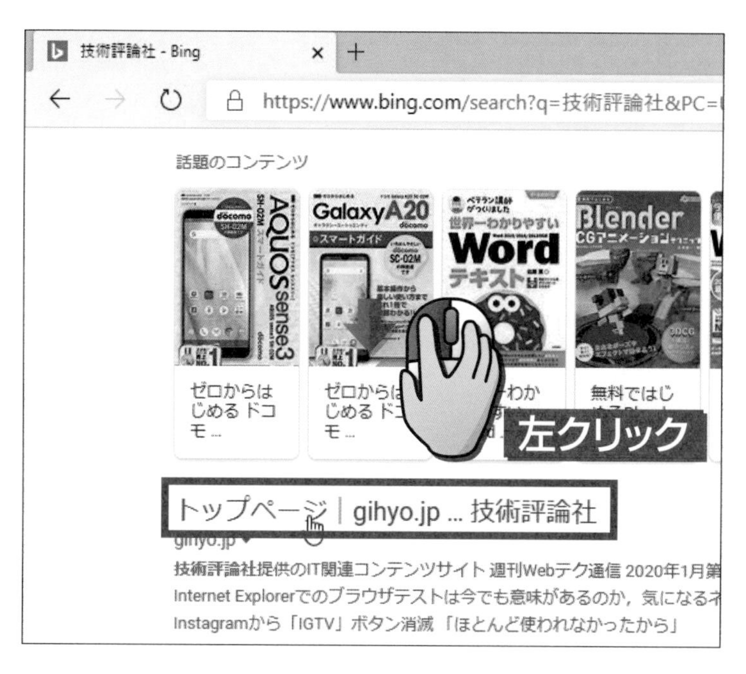

検索結果の中から、見たいホームページのタイトルに カーソル を移動して、左クリックします。

3 ホームページが表示されました

左クリックしたホームページが表示されました。

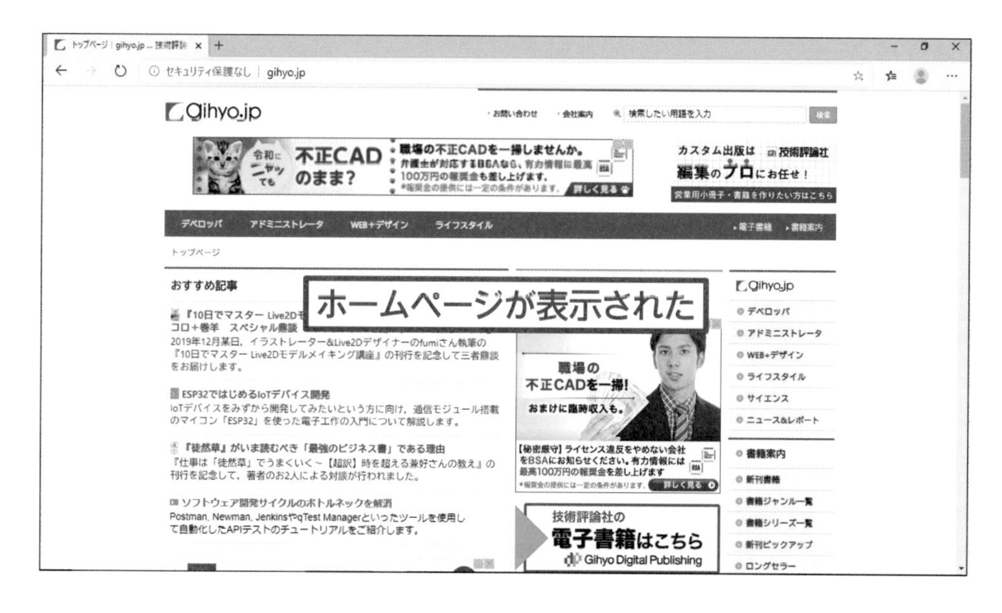

検索結果を絞り込もう

見たいホームページが見つからない場合は、複数の検索キーワードを入力します。複数のキーワードを空白で区切って指定します。

1 検索結果を確認します

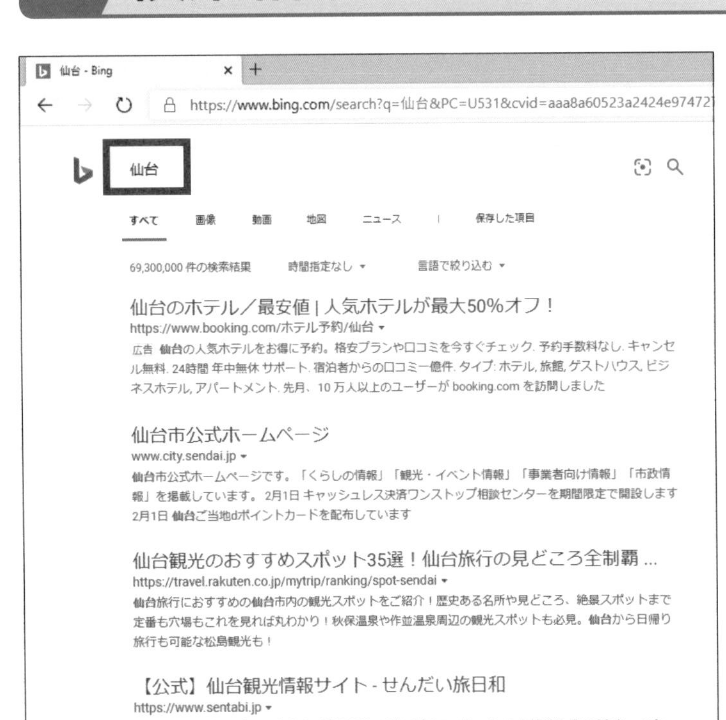

96ページの方法で、今度は「仙台」というキーワードで検索します。

ポイント！

ここでは、仙台のハンバーグ屋の情報が知りたかったのですが、「仙台」というキーワードだけでは、検索結果が多すぎてページが見つかりませんでした。

2 複数のキーワードを指定します

検索キーワードの右側を

左クリックします。

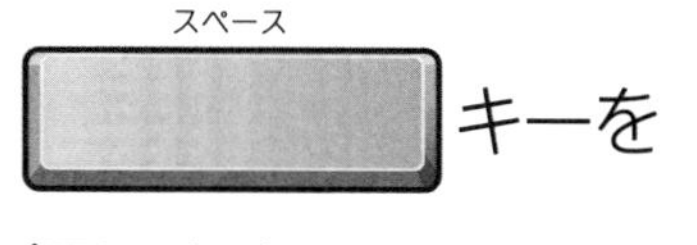

スペース キーを押します。

2つ目のキーワード（ハンバーグ）を

入力します。

エンター キーを押します。

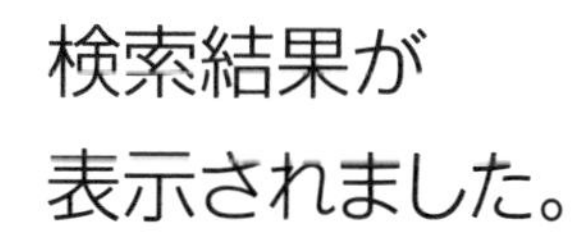

検索結果が表示されました。

98ページの方法で、見たいホームページを表示します。

最新のニュースを見よう

指定したキーワードに関する最新のニュースを見てみましょう。
検索結果から、ニュースのページを表示します。

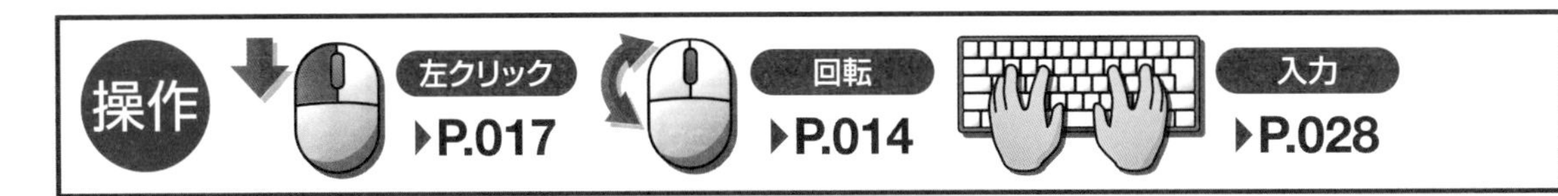

1 キーワードを入力します

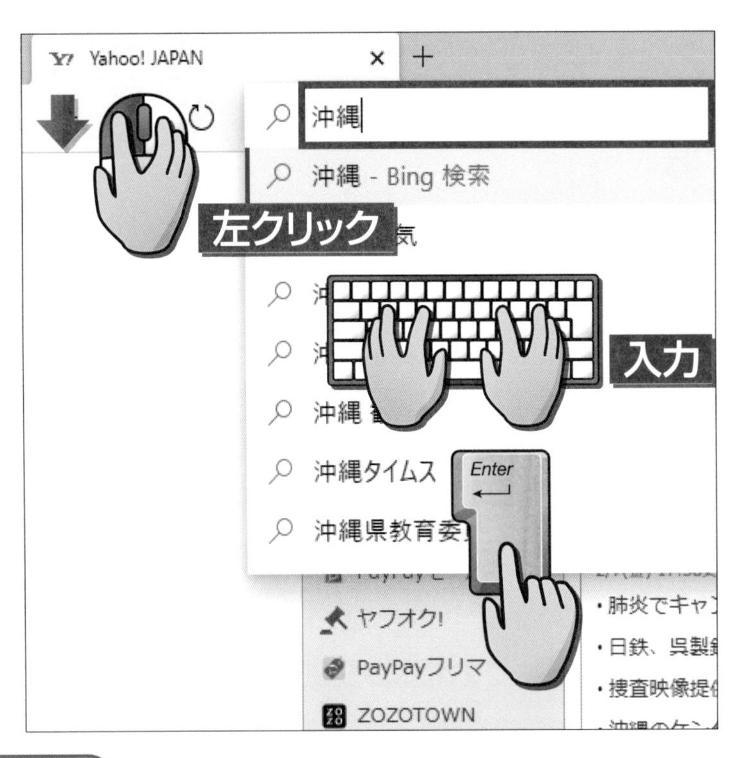

を左クリックします。

見たいニュースのキーワード（ここでは「沖縄」）を

入力します。

キーを押します。

2 ニュースのページを表示します

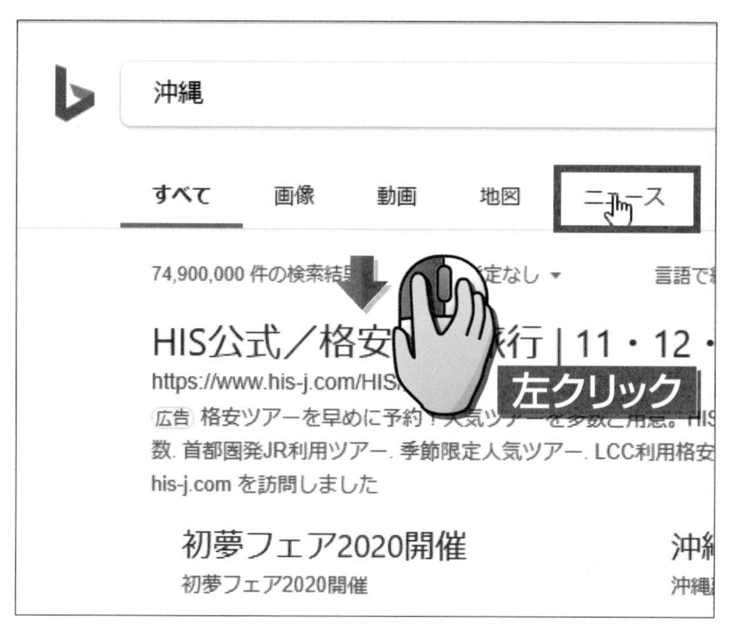

検索結果が
表示されます。

ニュース に
カーソルを移動して、

左クリックします。

3 検索結果が表示されます

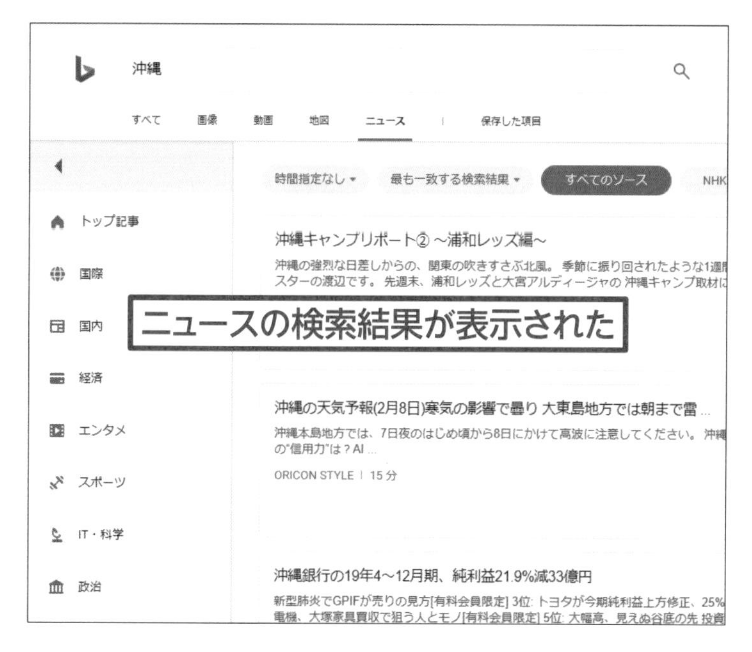

指定したキーワードに
関するニュースの
検索結果が
表示されます。

4 検索結果を確認します

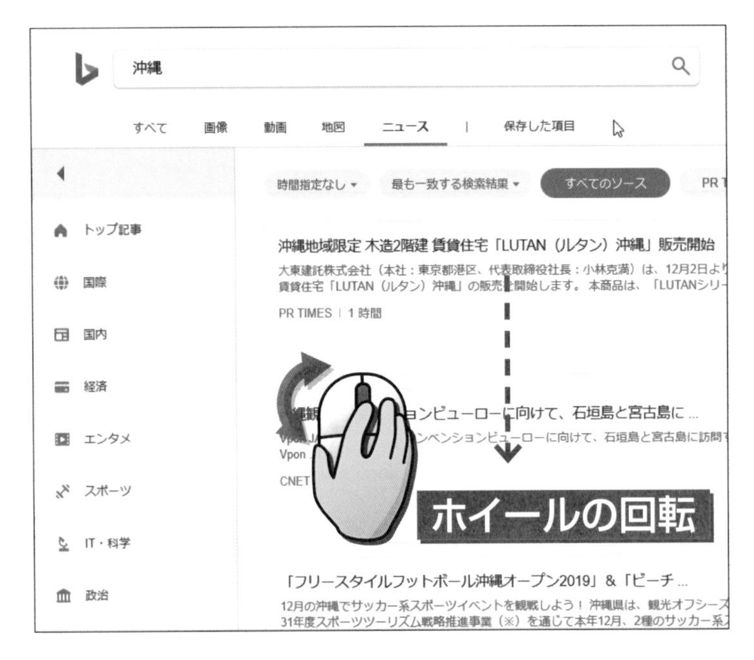

マウスのホイールを

回転して、

検索結果の下の方を表示します。

5 見たい項目を選択します

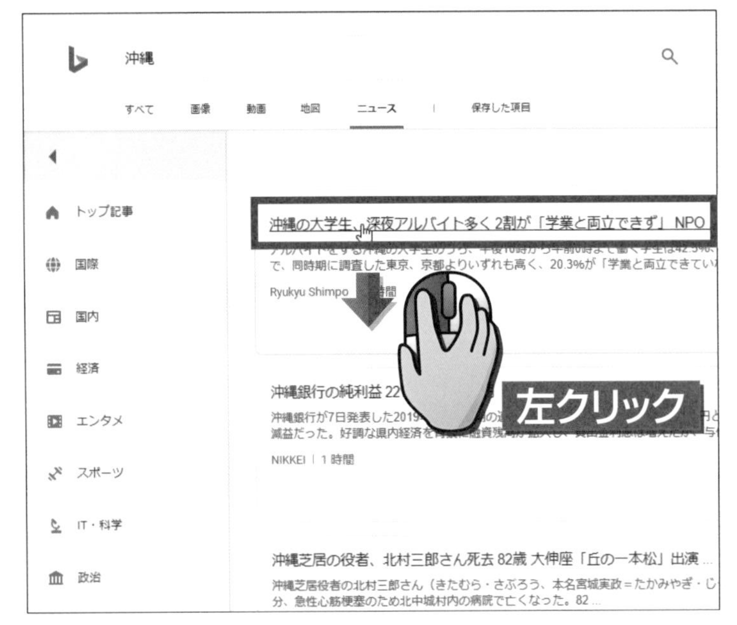

見たいニュースの項目に

カーソル を移動して、

左クリックします。

6 ニュースのページが表示されました

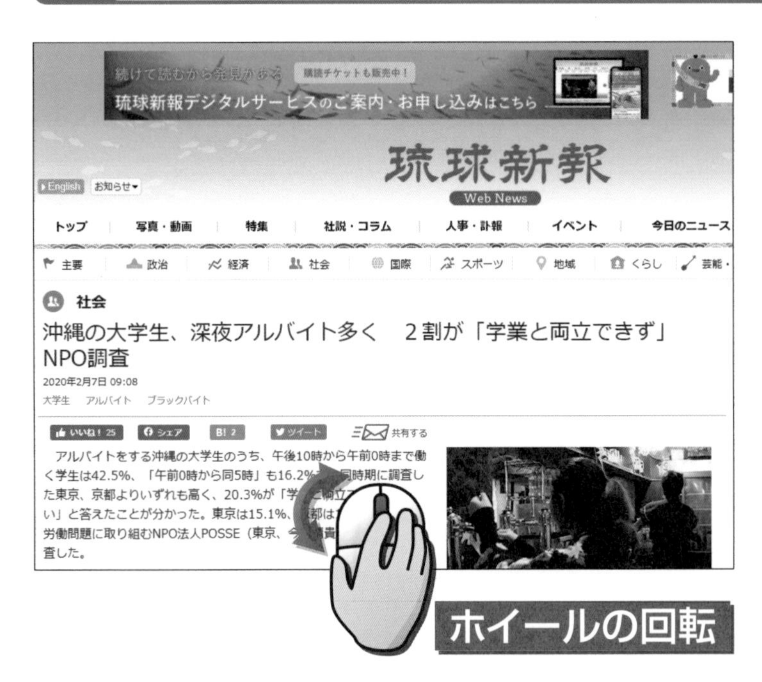
続けて読むから発見がある 購読チケットも販売中！
琉球新報デジタルサービスのご案内・お申し込みはこちら
琉球新報 Web News
English お知らせ
トップ | 写真・動画 | 特集 | 社説・コラム | 人事・訃報 | イベント | 今日のニュース
主要 | 政治 | 経済 | 社会 | 国際 | スポーツ | 地域 | くらし | 芸能・

社会

沖縄の大学生、深夜アルバイト多く　２割が「学業と両立できず」NPO調査

2020年2月7日 09:08

大学生　アルバイト　ブラックバイト

いいね！25　シェア　B! 2　ツイート　共有する

アルバイトをする沖縄の大学生のうち、午後10時から午前0時まで働く学生は42.5%、「午前0時から同5時」も16.2%…同時期に調査した東京、京都よりいずれも高く、20.3%が「学…両立…い」と答えたことが分かった。東京は15.1%、…都は…労働問題に取り組むNPO法人POSSE（東京、…査した。

ニュースのページが表示されます。

マウスのホイールを  回転します。

7 ニュースのページを確認します

琉球新報　トップ | 写真・動画 | 特集 | 社説・コラム | 人事・訃報 | イベント | 今日のニ
主要 | 政治 | 経済 | 社会 | 国際 | スポーツ | 地域 | くらし | 芸能・

より高かった。バイトのため試験の準備ができなかったとする学生は沖縄30.0%、東京37.0%、京都32.9%で、全国的にバイトが学業を圧迫。学業を削ってバイトをする理由として沖縄は「お金が必要」が36.2%のほか、「バイト先に迷惑がかかるから」が25.5%もおり、東京（9.4%）、京都（9.7%）より突出して高かった。

これらの結果は7日午後6時15分から、琉球大学文系総合講義棟111教室で報告する。

関連記事

大型車363台分の埋め立て土砂を運び込む　名護市安和の琉球セメント桟橋　市民30人が抗議

英語が60日で話せる？日本人が開発した勉強法が世界から絶賛 (…PRING)

ファン800人マスク姿で参加　DeNAのイベント　選手との握手も禁止

「スマホもゲームも大大画面で！！最新型のコンパクトプロジェクターが凄い　AD (Zb Polar Meets popIn Aladdin)

警察の追跡受けバイクが転倒　2人の少年がけが　警察「追跡方法は妥当」

ページの下の方が表示されるので、ニュースの内容を読みます。

ポイント！

ニュースのページは、検索結果とは異なるタブで開きます。タブを切り替える操作は114ページ、タブを閉じる操作は116ページで紹介しています。

画像を検索しよう

インターネットで画像を検索してみましょう。
行ってみたい場所の写真などを検索することができます。

1 キーワードを入力します

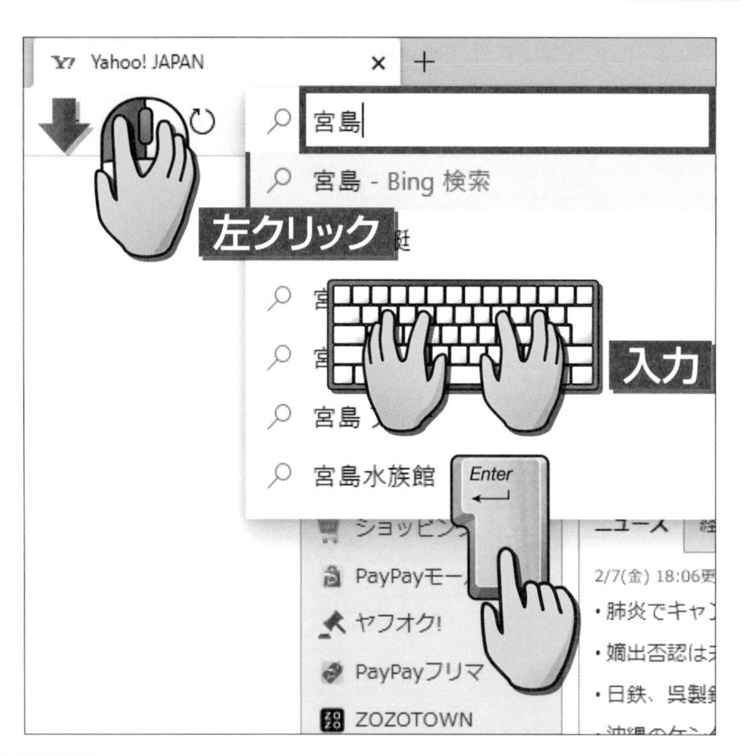

アドレスバー https://www.yahoo.co.jp を左クリックします。見たい画像のキーワード（ここでは「宮島」）を入力します。エンター Enter キーを押します。

2 検索結果が表示されます

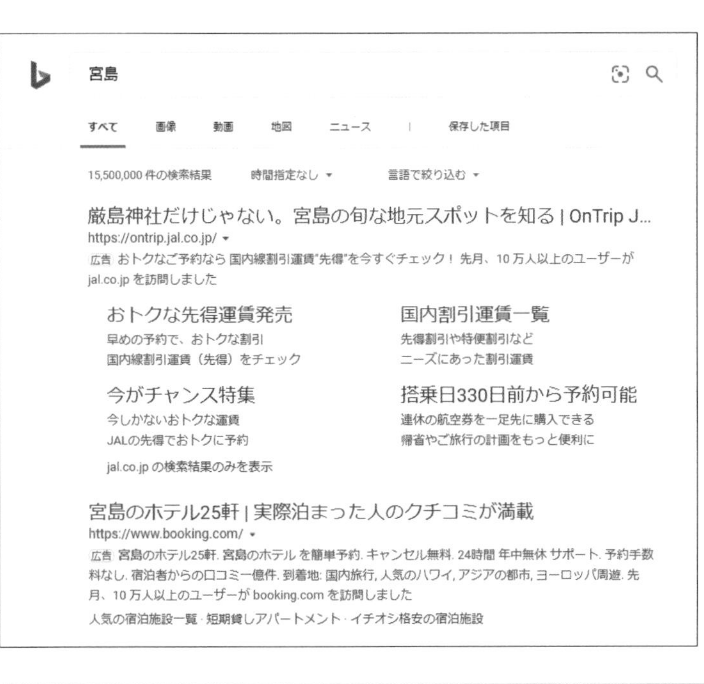
宮島
すべて
画像
動画
地図
ニュース
保存した項目
15,500,000 件の検索結果
時間指定なし
言語で絞り込む
厳島神社だけじゃない。宮島の旬な地元スポットを知る | OnTrip J...
https://ontrip.jal.co.jp/
広告 おトクなご予約なら 国内線割引運賃"先得"を今すぐチェック！ 先月、10 万人以上のユーザーが jal.co.jp を訪問しました
おトクな先得運賃発売
早めの予約で、おトクな割引
国内線割引運賃（先得）をチェック
国内割引運賃一覧
先得割引や特便割引など
ニーズにあった割引運賃
今がチャンス特集
今しかないおトクな運賃
JALの先得でおトクに予約
搭乗日330日前から予約可能
連休の航空券を一足先に購入できる
帰省やご旅行の計画をもっと便利に
jal.co.jp の検索結果のみを表示
宮島のホテル25軒 | 実際泊まった人のクチコミが満載
https://www.booking.com/
広告 宮島のホテル25軒. 宮島のホテル を簡単予約. キャンセル無料. 24時間 年中無休 サポート. 予約手数料なし. 宿泊者からの口コミ一億件. 到着地: 国内旅行, 人気のハワイ, アジアの都市, ヨーロッパ周遊. 先月、10 万人以上のユーザーが booking.com を訪問しました
人気の宿泊施設一覧 · 短期貸しアパートメント · イチオシ格安の宿泊施設

検索結果が表示されます。

3 画像を検索します

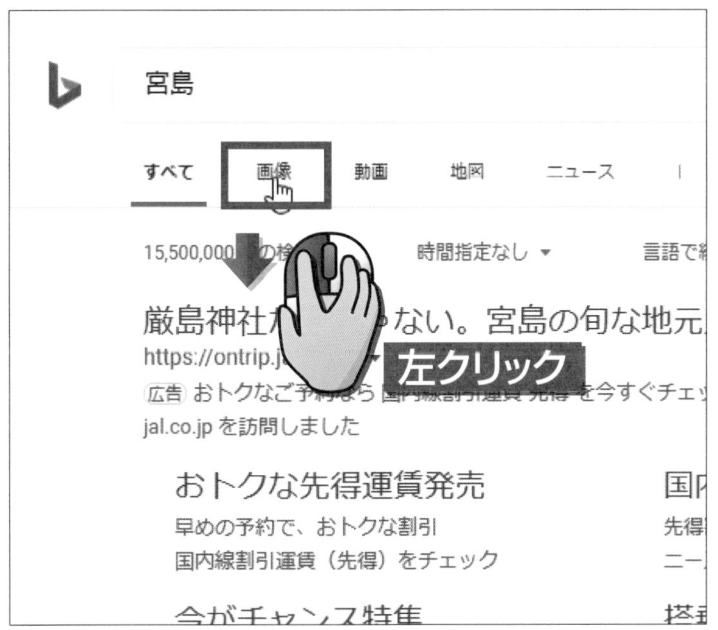
宮島
すべて
画像
動画
地図
ニュース
時間指定なし
左クリック
jal.co.jp を訪問しました
おトクな先得運賃発売
早めの予約で、おトクな割引
国内線割引運賃（先得）をチェック

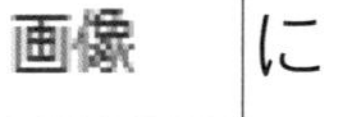
画像
に

カーソル を移動して、

左クリックします。

次へ

4 画像の検索結果が表示されます

宮島
すべて
画像
動画
地図
ニュース
左クリック

画像の検索結果が表示されます。

すべて を

左クリックします。

ポイント！

画像を左クリックすると、その画像が大きく表示されます。右上の☒を左クリックすると、元の画面に戻ります。

5 元の検索結果の画面に戻りました

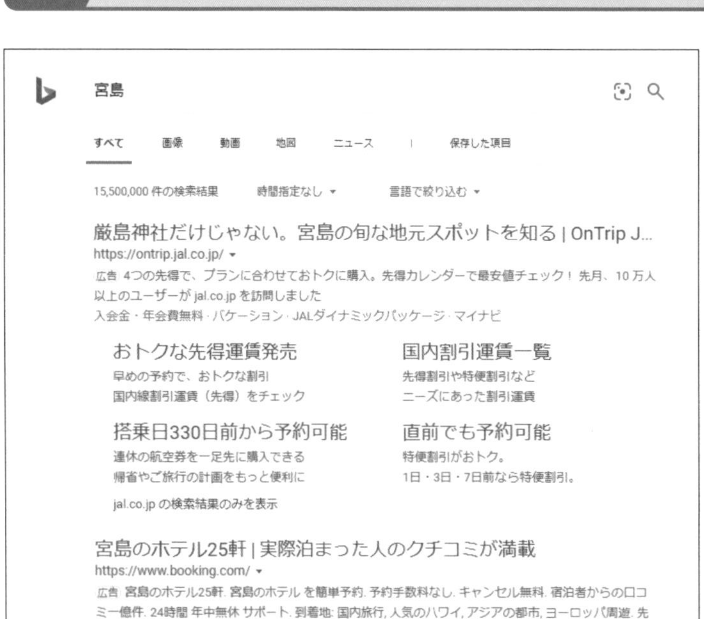

宮島
すべて
画像
動画
地図
ニュース
保存した項目
15,500,000 件の検索結果
時間指定なし
言語で絞り込む
厳島神社だけじゃない。宮島の旬な地元スポットを知る | OnTrip J...
https://ontrip.jal.co.jp/
広告 4つの先得で、プランに合わせておトクに購入。先得カレンダーで最安値チェック！ 先月、10 万人以上のユーザーが jal.co.jp を訪問しました
入会金・年会費無料 · バケーション · JALダイナミックパッケージ · マイナビ
おトクな先得運賃発売
早めの予約で、おトクな割引
国内線割引運賃（先得）をチェック
国内割引運賃一覧
先得割引や特便割引など
ニーズにあった割引運賃
搭乗日330日前から予約可能
連休の航空券を一足先に購入できる
帰省やご旅行の計画をもっと便利に
直前でも予約可能
特便割引がおトク。
1日・3日・7日前なら特便割引。
jal.co.jp の検索結果のみを表示
宮島のホテル25軒 | 実際泊まった人のクチコミが満載
https://www.booking.com/
広告 宮島のホテル25軒. 宮島のホテル を簡単予約. 予約手数料なし. キャンセル無料. 宿泊者からの口コミ一億件. 24時間 年中無休 サポート. 到着地: 国内旅行, 人気のハワイ, アジアの都市, ヨーロッパ周遊. 先月、10 万人以上のユーザーが booking.com を訪問しました
人気の宿泊施設一覧 · イチオシ格安の宿泊施設 · 安心の現地払い · 人気の温泉宿

元の検索結果の画面に戻りました。

ポイント！

60ページの方法で、ブラウザーを終了します。

第6章

6 インターネットを便利に活用しよう

この章で学ぶこと

- 複数のページを同時に開けますか?
- ページを切り替えて表示できますか?
- ホームページを拡大して表示できますか?
- よく見るホームページを登録できますか?
- 過去に見たホームページを表示できますか?

この章でやることを知っておこう

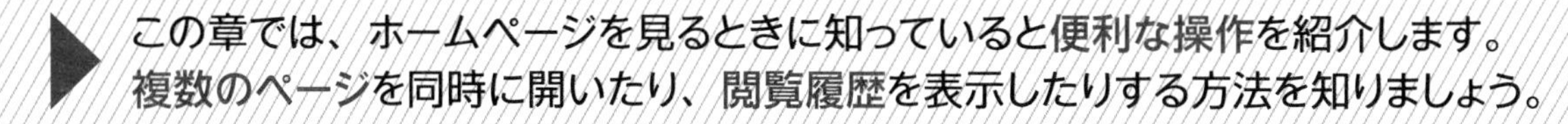

この章では、ホームページを見るときに知っていると便利な操作を紹介します。
複数のページを同時に開いたり、閲覧履歴を表示したりする方法を知りましょう。

この章でやること

ホームページをもっと活用できるように、この章ではブラウザーの**便利な機能**を利用する方法を紹介していきます。

この章の流れ

この章では、ホームページを活用するために次の操作を学びます。

いろいろやることがあって
たいへんそうだなー！

この章の内容をすべてマスター
すれば、インターネットはもう
バッチリですよ！

複数のページを同時に開こう

複数のホームページを同時に開く方法を紹介します。
内容を見比べたいときなどに、ページを切り替えて比較できます。

1 新しいタブを追加します

44ページの方法で、ブラウザーを起動しておきます。

タブの右側にある

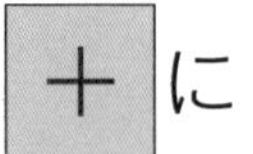

に

カーソルを移動して、

左クリックします。

2 新しいタブにホームページを表示します

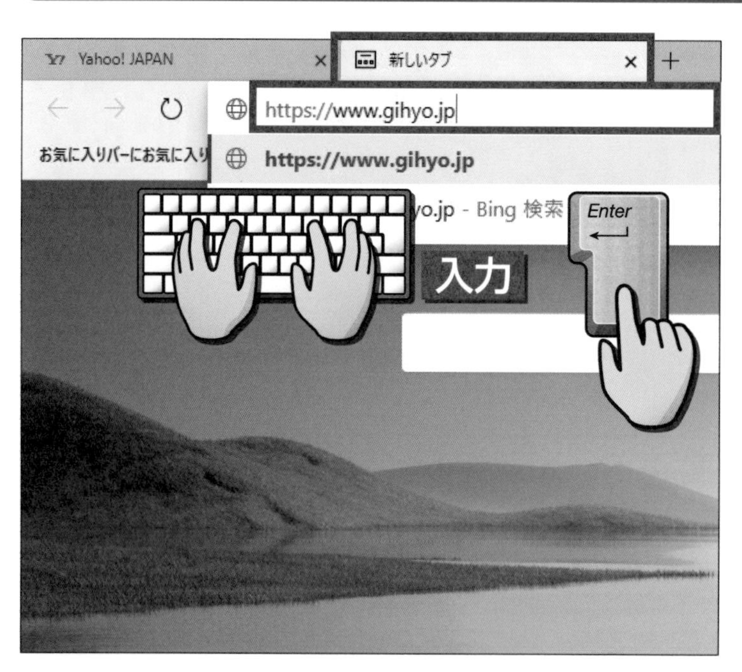

新しいタブが
表示されました。

に、ホームページのアドレスを入力します。

エンター
Enter キーを押します。

3 2つのホームページが開きます

ホームページが
表示されました。

これで、
2つのホームページが
同時に開きました。

ページを切り替えて表示しよう

複数のページを開いているときの、ページの切り替え方法を知りましょう。見たいページのタブを左クリックします。

1 複数のページを開いておきます

1つ目のホームページ

2つ目のホームページ

112ページの方法で、複数のページを開いておきます。

今表示されているのは、112ページで2番目に表示したホームページの方ですよ！

2 タブを切り替えます

見たいページのタブに

カーソルを移動して、

左クリックします。

ポイント!

ここでは、Yahoo! JAPAN を左クリックしています。

3 タブが切り替わりました

タブが切り替わり、もう1つのホームページが表示されます。

使わないタブを閉じよう

開いているホームページが増えてきたら、不要なタブを閉じましょう。
タブに表示されているホームページの名前を確認して操作します。

1 タブを閉じる準備をします

112ページの方法で、複数のページを開いておきます。

2 タブを閉じます

閉じたいタブの

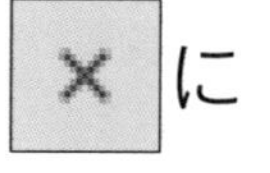に

カーソル
を移動して、

左クリックします。

3 タブが閉じました

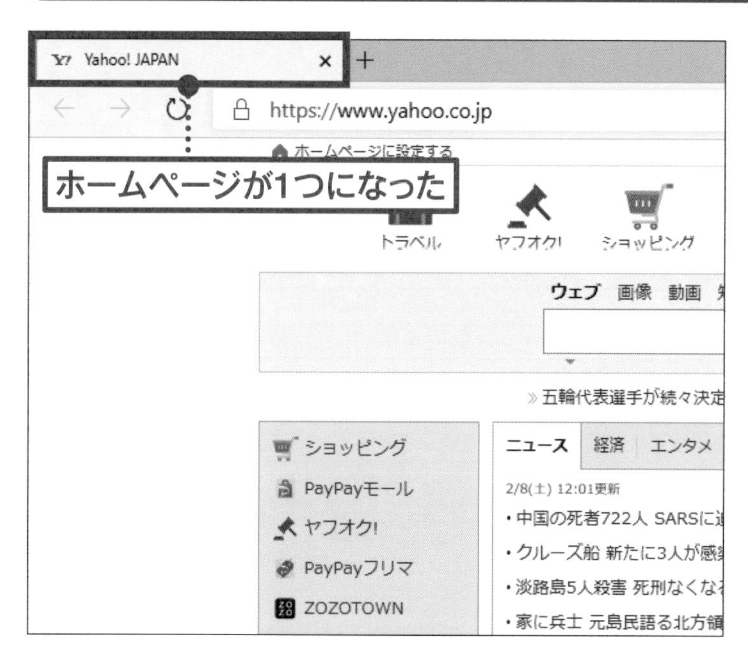

タブが閉じて、
開いている
ホームページが
1つになりました。

ホームページを拡大して見よう

ホームページの文字が小さくて読みづらい場合は、拡大表示をするとよいでしょう。文字が大きく表示され、読みやすくなります。

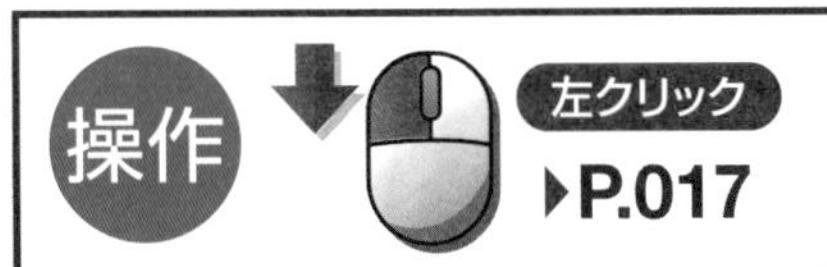

▶P.017

1 ページを拡大して表示します

ホームページを開いておきます。

設定など …を左クリックします。

ズームの＋を左クリックします。

2 文字や写真が大きく表示されました

ホームページの文字や写真などが大きく表示されます。

ポイント！

＋を左クリックした分だけ、文字や写真が大きくなります。

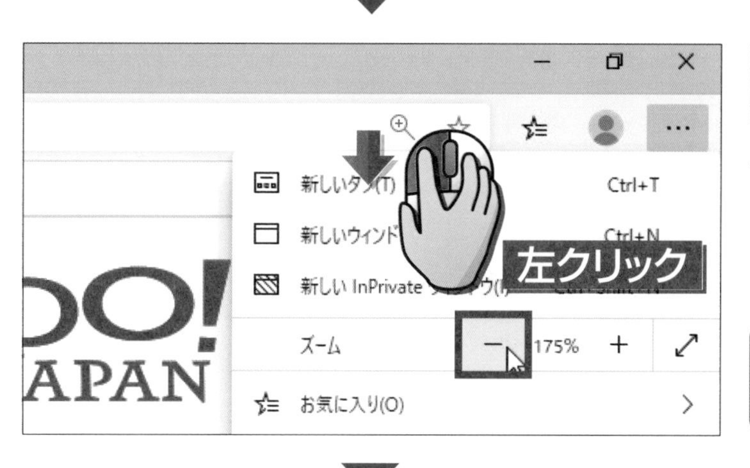

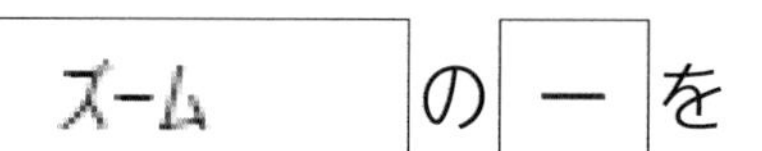

の－を

左クリックします。

ポイント！

－を左クリックした分だけ、文字や写真が小さくなります。

文字や写真などが小さく表示されます。

設定など

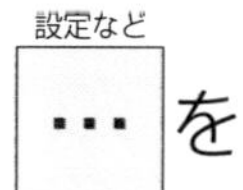

を

左クリックすると、設定画面が閉じます。

よく見るページを「お気に入り」に登録しよう

よく見るホームページを「お気に入り」に登録しておきましょう。
毎回アドレスを入力する手間が省けて便利です。

1 登録するホームページを開きます

よく見るホームページを表示しておきます。ここでは、48ページで表示したヤフーのページを表示しています。

画面の右上にある

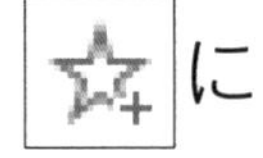 に

カーソルを移動して、

2 「お気に入り」に登録します

お気に入りバー に

カーソル を移動して、

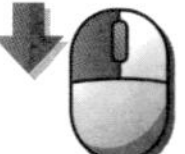左クリックします。

その他のお気に入り を

左クリックします。

お気に入りが追加されました
名前 Yahoo! JAPAN
フォルダー その他のお気に入り
完了 削除
すべてのデバ［…］を
オンにします。
左クリック
同期を有効にする

完了 を

左クリックします。

これで、ホームページを
「お気に入り」に
登録できました。

「お気に入り」のページを表示しよう

前ページで「お気に入り」に登録したホームページを表示してみましょう。
見たいページをかんたんに表示することができます。

1 お気に入りを表示します

120ページで「お気に入り」に登録したホームページとは違うページを表示しておきます。

画面の右上にある

お気に入り
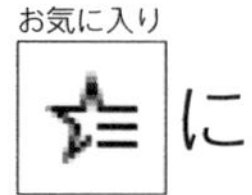 に

カーソル
を移動して、

左クリックします。

2 お気に入りが表示されました

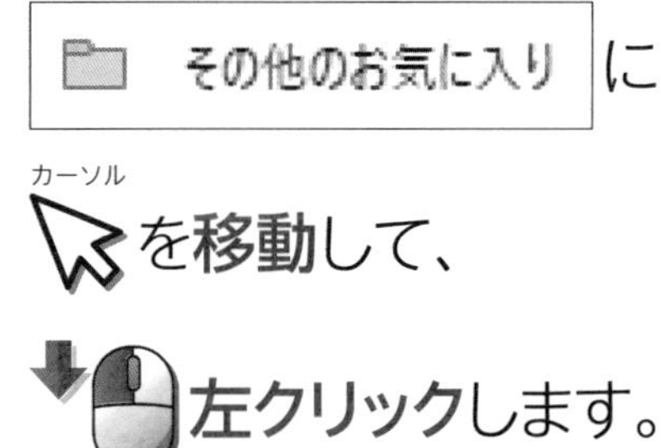

に

カーソルを移動して、

左クリックします。

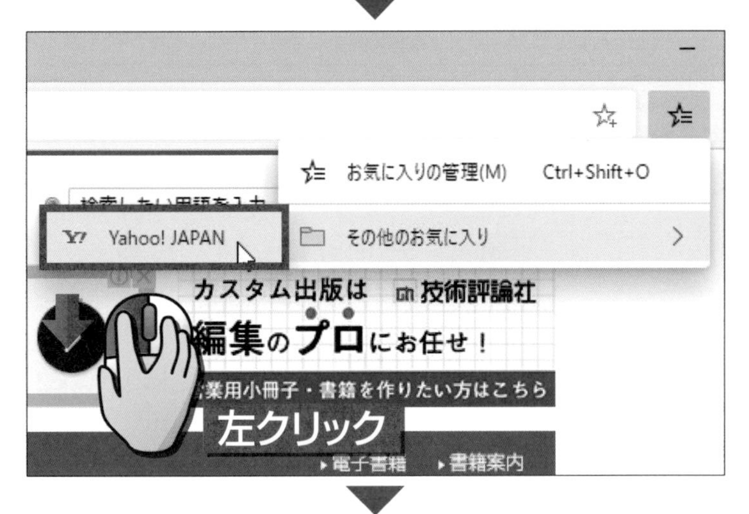

「お気に入り」の一覧が表示されます。

Yahoo! JAPAN を

左クリックします。

「お気に入り」に登録したホームページが表示されました。

「お気に入り」のページを削除しよう

「お気に入り」に登録したホームページは、削除することができます。ここでは、120ページで追加したホームページを削除します。

1 お気に入りを表示します

きっず版 | アプリ版 | ヘルプ
メール
左クリック
お気に入りが増えすぎると、目的のページを探しにくくなります。削除して整理しましょう！

画面の右上にある お気に入り ☆≡ に カーソル を移動して、左クリックします。

2 お気に入りを削除します

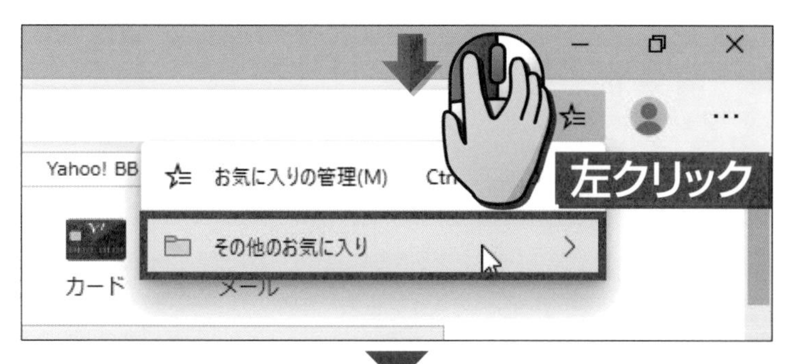

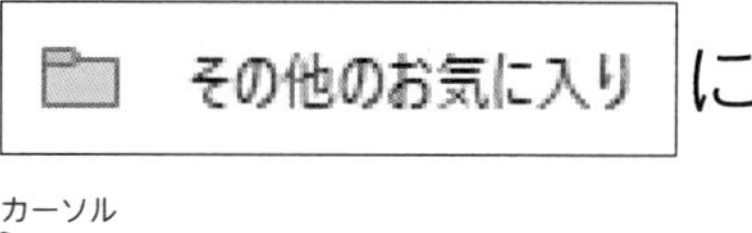

に

を移動して、

左クリックします。

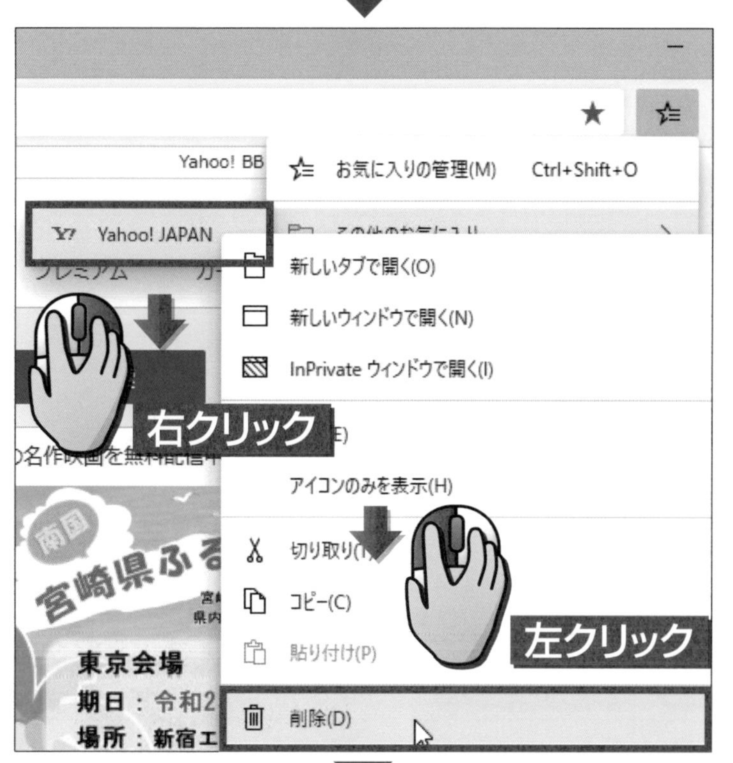

を

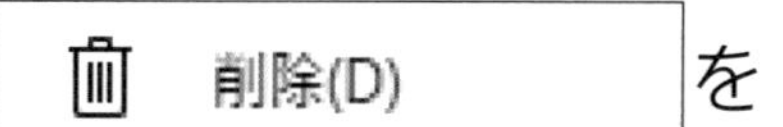
右クリックします。

を

左クリックします。

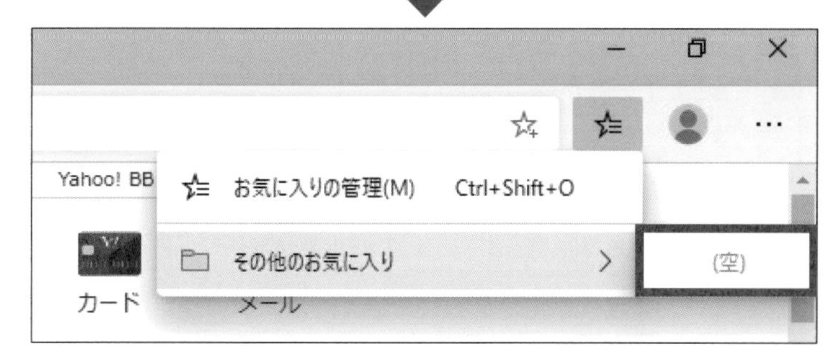

「お気に入り」に
登録したホームページ
が削除されました。

閲覧履歴からホームページを表示しよう

過去に見たホームページは、ブラウザーに記録されています。
ホームページの閲覧履歴から、以前見たホームページを表示してみましょう。

1 履歴の画面を開きます

画面の右上にある 設定など … に カーソル を移動して、左クリックします。

2 過去に見たページを表示します

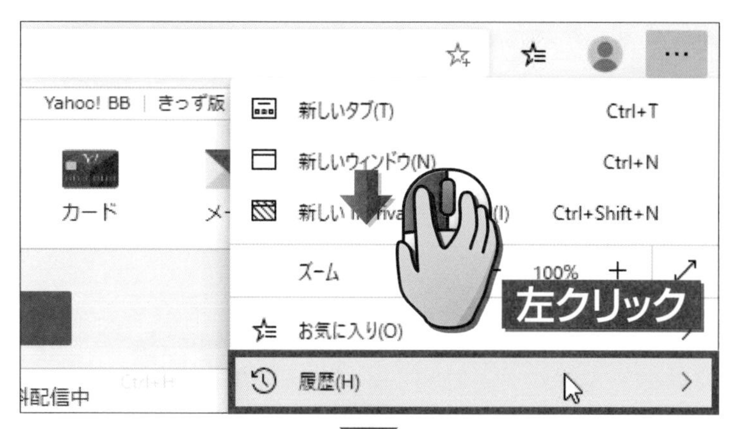

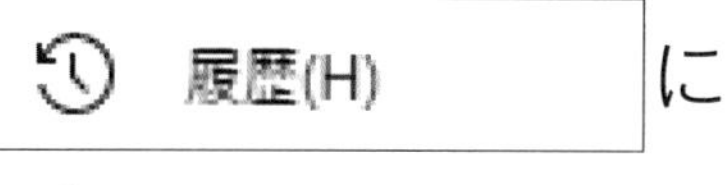に

カーソル

を移動して、

左クリックします。

を

左クリックします。

閲覧履歴の一覧が表示されます。

もう一度見たいページを

左クリックします。

過去に見たページが表示されます。

ホームページの閲覧履歴を削除しよう

ホームページを見ると、パソコンに履歴が残ります。
履歴を他人に見られないよう、履歴を削除する方法を知っておきましょう。

1 履歴の画面を開きます

画面の右上にある設定など … にカーソルを移動して、左クリックします。

履歴が残っていると、自分が見たページがわかってしまいます。わからないようにするには、履歴を削除しましょう！

2 履歴を消す準備をします

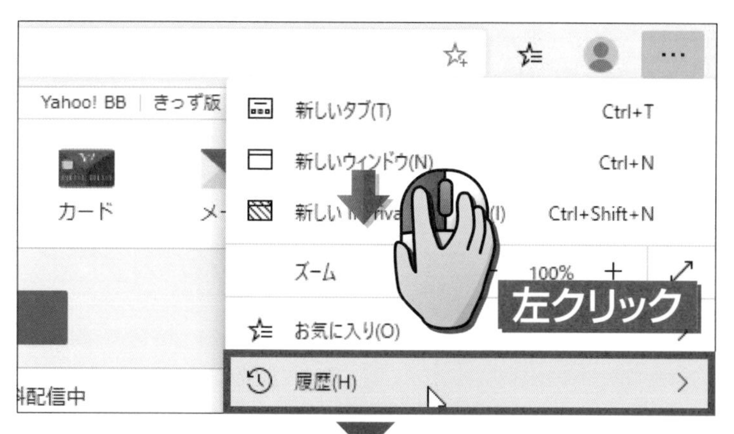

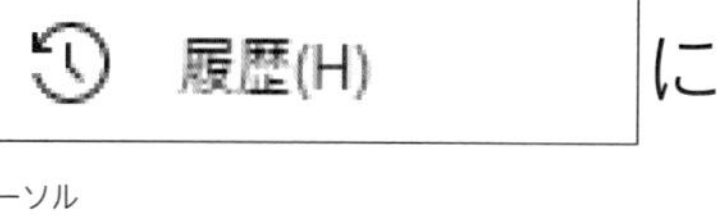

に

カーソルを移動して、

左クリックします。

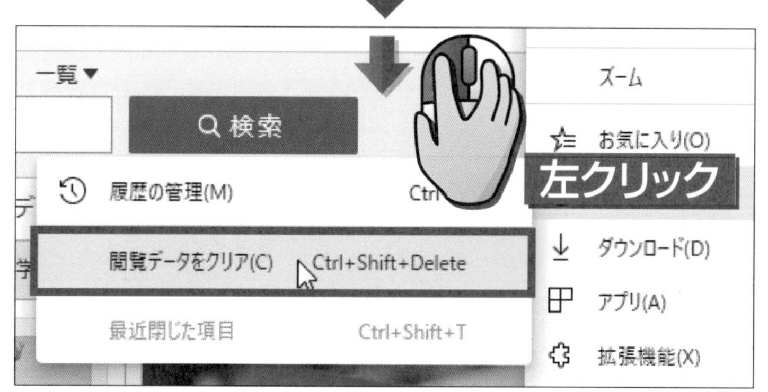

閲覧データをクリア(C) を

左クリックします。

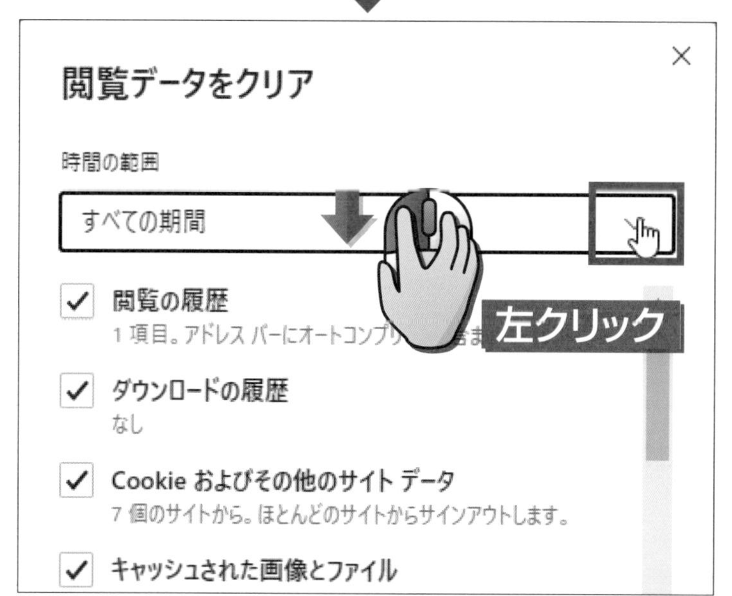

時間の範囲 の ∨ に

カーソルを移動して、

左クリックします。

次へ >>>

3 履歴を削除します

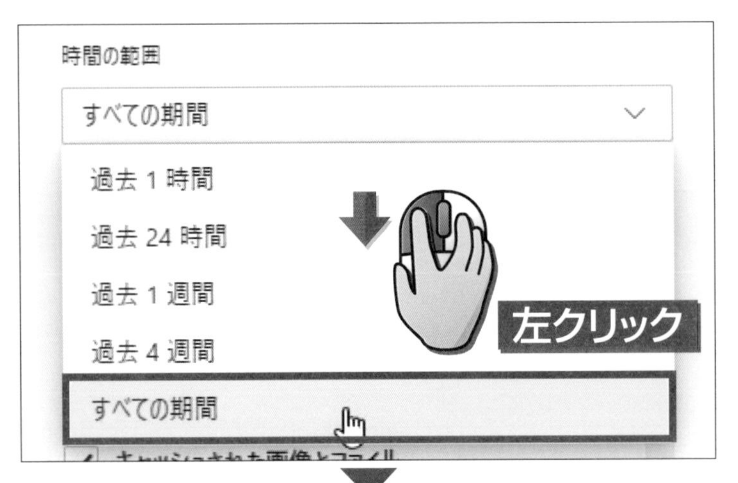

に

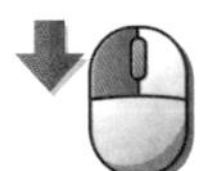カーソルを移動して、

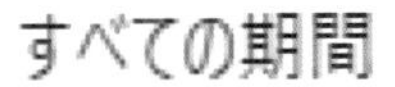左クリックします。

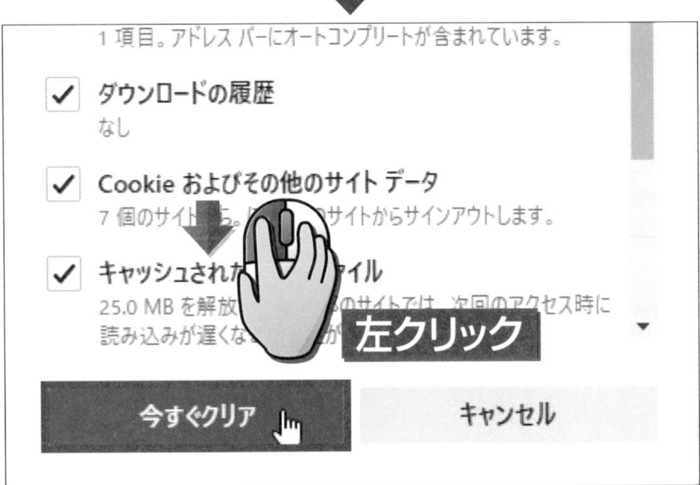

に

カーソルを移動して、

左クリックします。

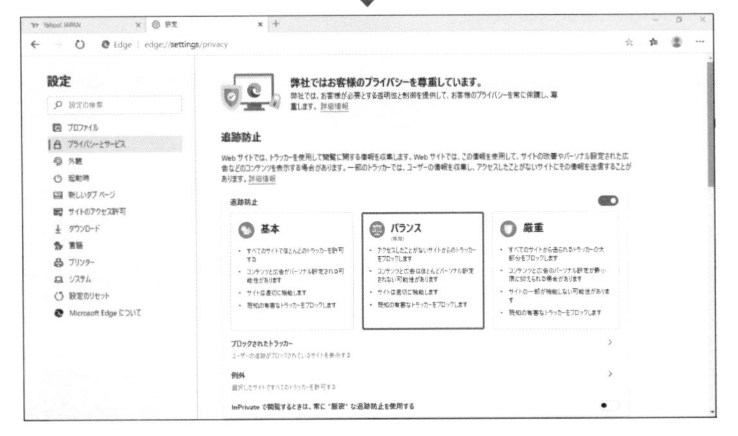

閲覧履歴が
削除されました。

ポイント!

60ページの方法で、ブラウザーを終了します。

7

第7章

メールを利用しよう

この章で学ぶこと

- 「メール」を起動できますか?
- メールを受け取れますか?
- メールを送れますか?
- 届いたメールに返信できますか?
- メールを印刷できますか?

この章でやることを知っておこう

この章では、メールを利用してみましょう。
メールをやり取りするには、「メール」というアプリを使います。

この章でやること

Windows 10には、メールのやり取りを行う、**「メール」**というアプリが用意されています。
契約した**プロバイダー**から受け取った**メールアドレス**を使って、**メール**をやり取りしましょう。

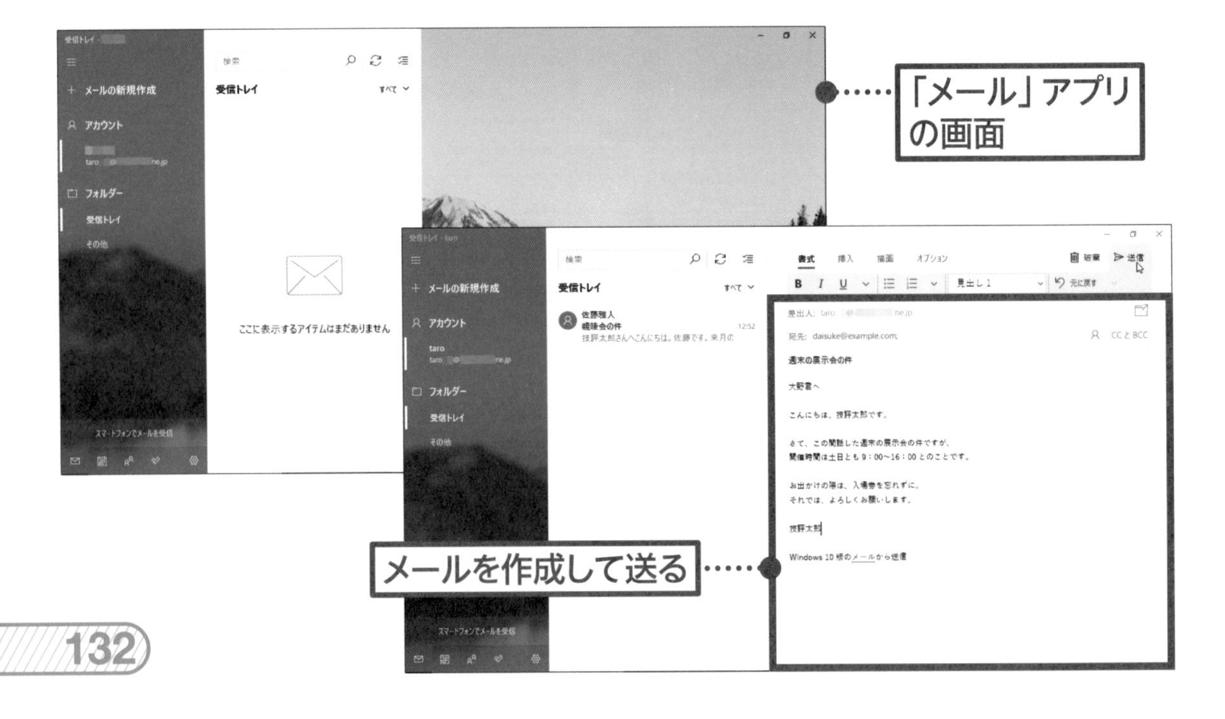

この章の流れ

この章では、次の操作を学びます。

メールはスマートフォンでも
送れるけど…？

パソコンでメールを送ることの
メリットは、キーボードを使って入力がしやすいことです！

メールをやり取りする準備をしよう

メールをやり取りするには、事前に「メール」の設定をします。
メールアドレスやパスワードなどを登録しましょう。

1 「メール」を起動します

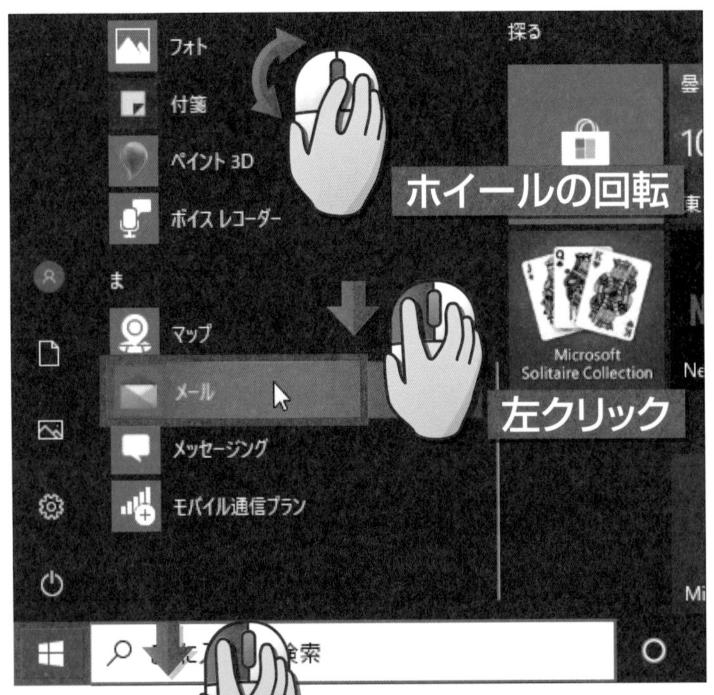

スタートボタンを左クリックします。

アプリ一覧の上で、マウスのホイールを回転します。

を左クリックします。

2 アカウントを追加する準備をします

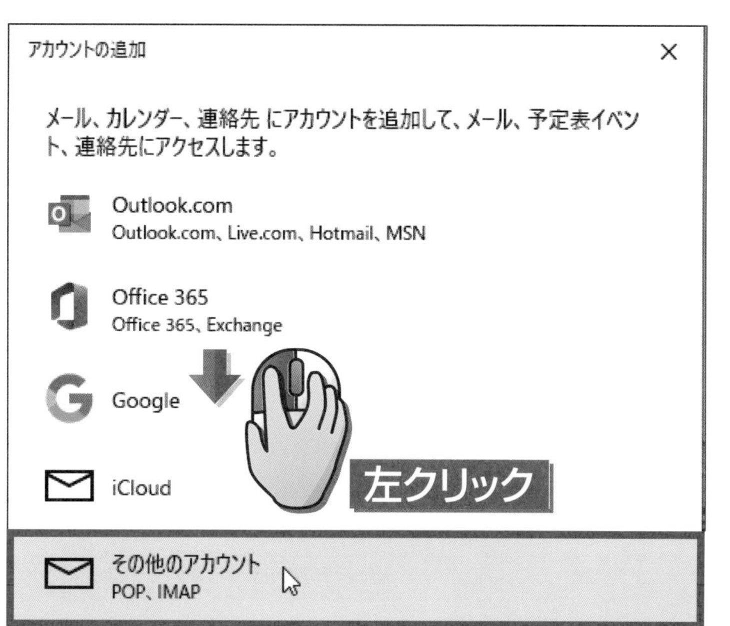

 その他のアカウント POP、IMAP に

カーソル  を移動して、

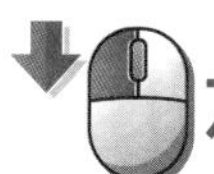 左クリックします。

ポイント!

Microsoftアカウント(192ページ参照)でパソコンを起動している場合、Microsoftアカウントのメールアドレスとパスワードを追加することもできます。

3 メールアドレスを入力します

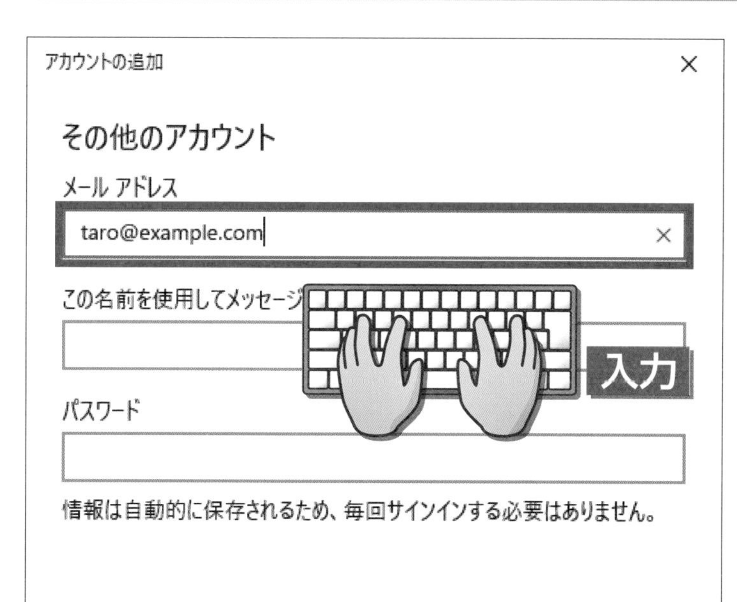

メール アドレス に、

メールアドレスを

 入力します。

ポイント!

メールアドレスやパスワードは、プロバイダーから送付された資料に掲載されています。あらかじめ準備しておいてください。

次へ >>>

4 サインインします

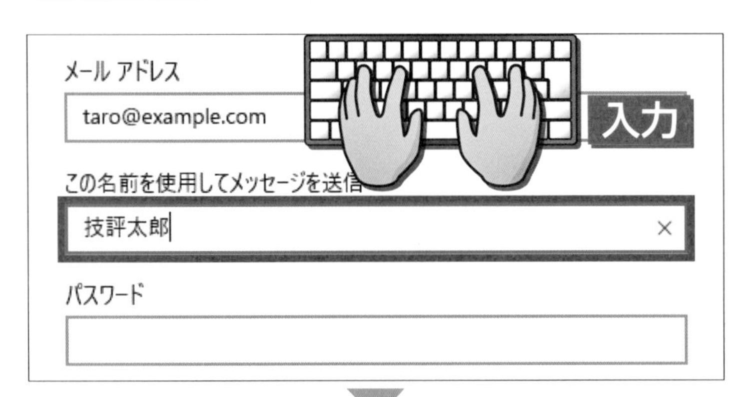

メール アドレス に、
メールをやり取りする
名前を
入力します。

メール アドレス に、
プロバイダーから
提供されたパスワードを
入力します。

パスワードは他の人に見られないように、正しく入力しても●●●●のように表示されます。

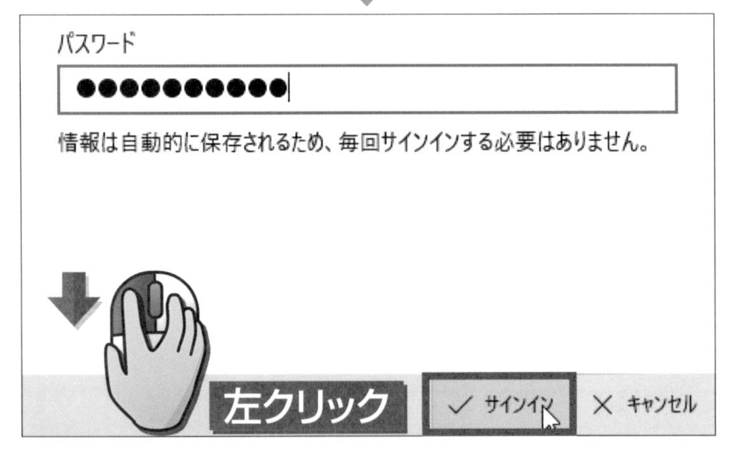

✓ サインイン を
左クリックします。

5 「完了」を左クリックします

左の画面が表示されたら、

✓ 完了 を

左クリックします。

ポイント!

「そのアカウントの情報は見つかりませんでした。メールアドレスが正しいかどうかを確認してからやり直してください。」というメッセージが表示された場合は、メールの詳細設定が必要です。212ページを参照してください。

6 「メール」が起動しました

「メール」が起動します。

最大化

□ を

次へ >>>

7 「メール」の画面が表示されます

「メール」が最大化されて表示されます。

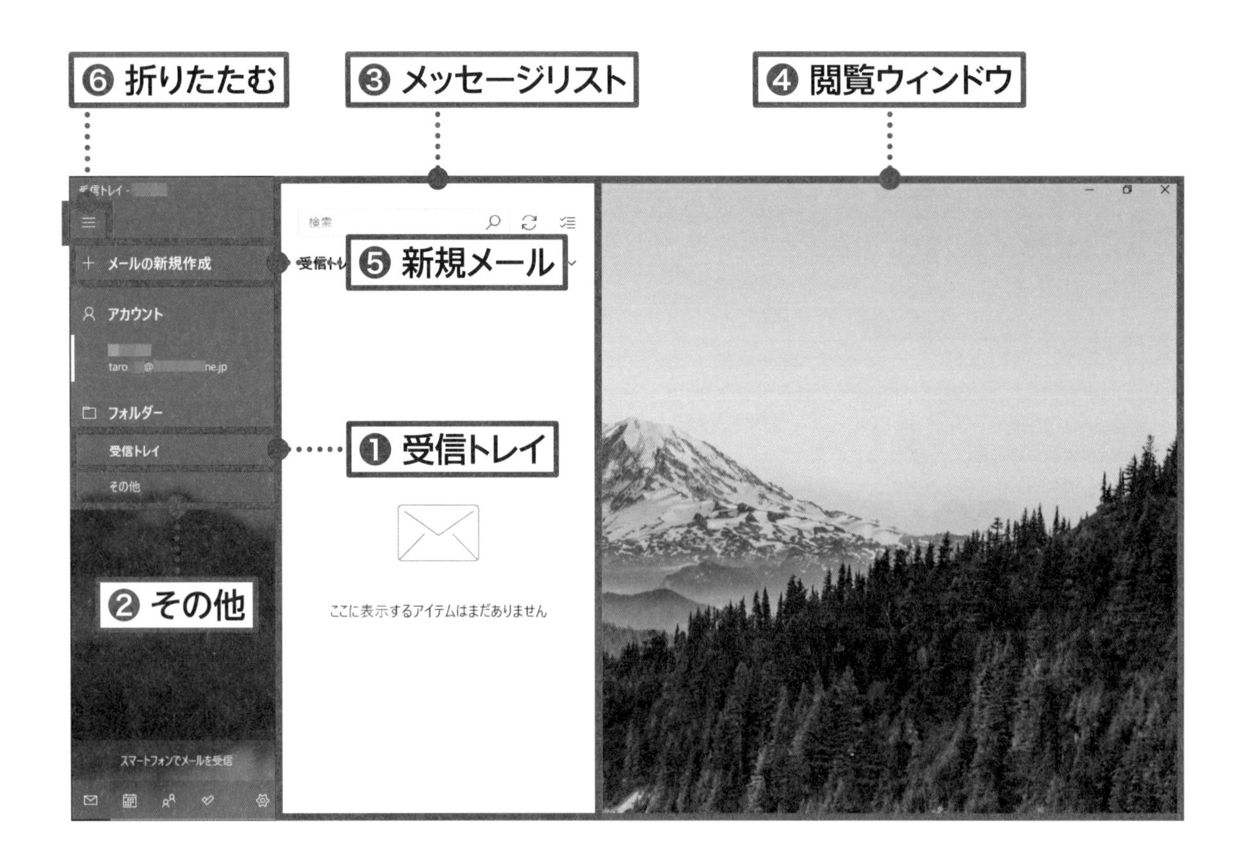

❶ 受信トレイ
受け取ったメールが保管されます。

❷ その他
送信したメールや削除したメールを確認するときなどに使います。

❸ メッセージリスト
メールの一覧が表示されます。

❹ 閲覧ウィンドウ
メールの内容が表示されます。

❺ 新規メール
新しいメールを作成します。

❻ 折りたたむ
左クリックすると、左側のメニューの表示／非表示を切り替えられます。

8 「メール」を終了します

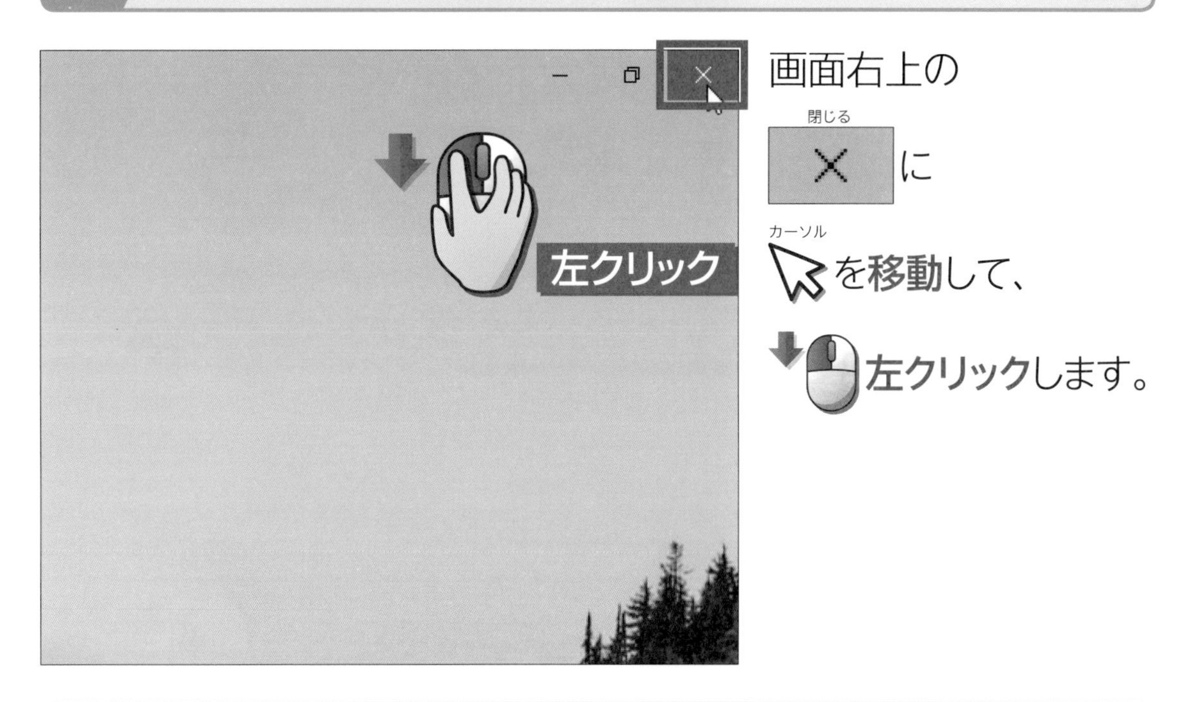

画面右上の 閉じる ✕ に カーソル を移動して、

左クリックします。

9 「メール」が終了しました

「メール」が終了します。

「メール」を起動・終了しよう

メールのやり取りをするために、「メール」を起動しましょう。
スタートメニューから「メール」を左クリックします。

1 「メール」を起動します

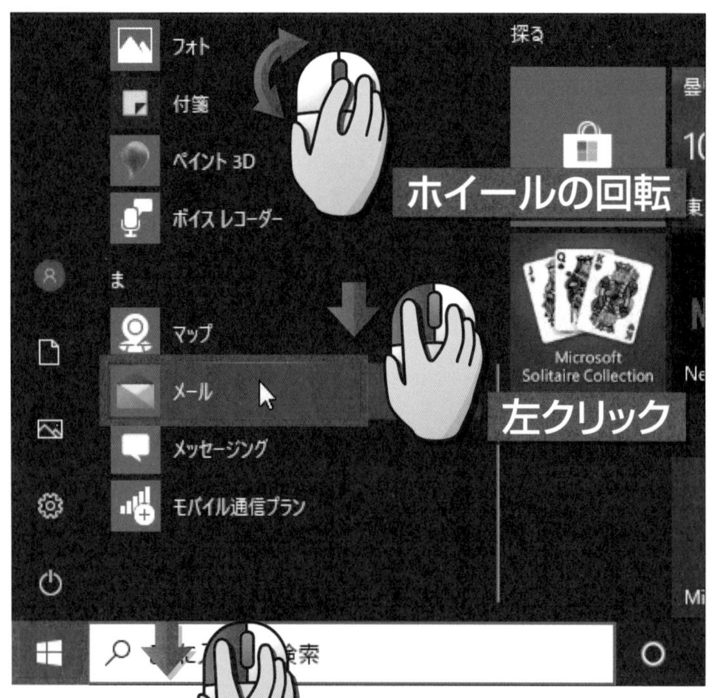

スタートボタン

を左クリックします。

アプリ一覧の上で、マウスのホイールを回転します。

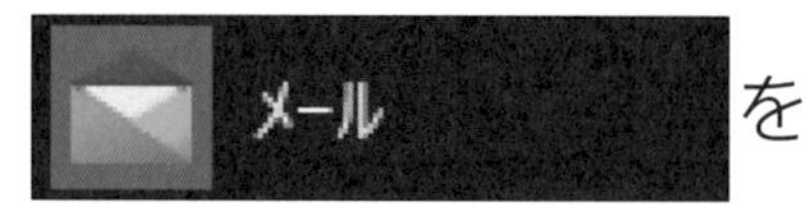

を左クリックします。

2 「メール」が起動しました

「メール」が起動しました。

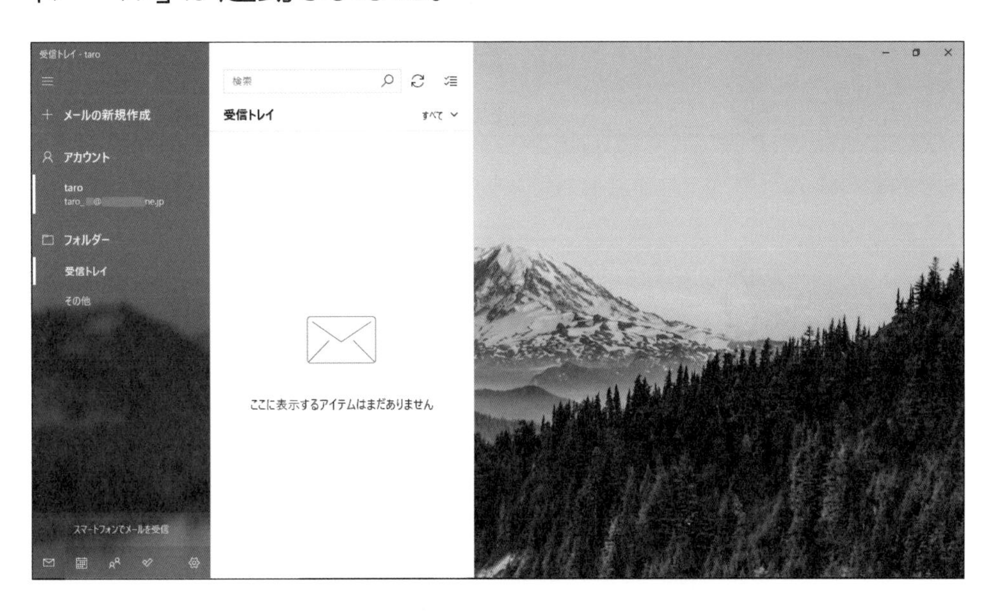

3 「メール」を終了します

閉じる

を

「メール」が終了します。

ポイント！

もっとかんたんに「メール」を起動したい場合は、186ページを参照してください。

メールを受け取ろう

「メール」で、自分宛のメールを受信しましょう。
ここでは、受信したメールの内容を見る方法を紹介します。

1 受信トレイを表示します

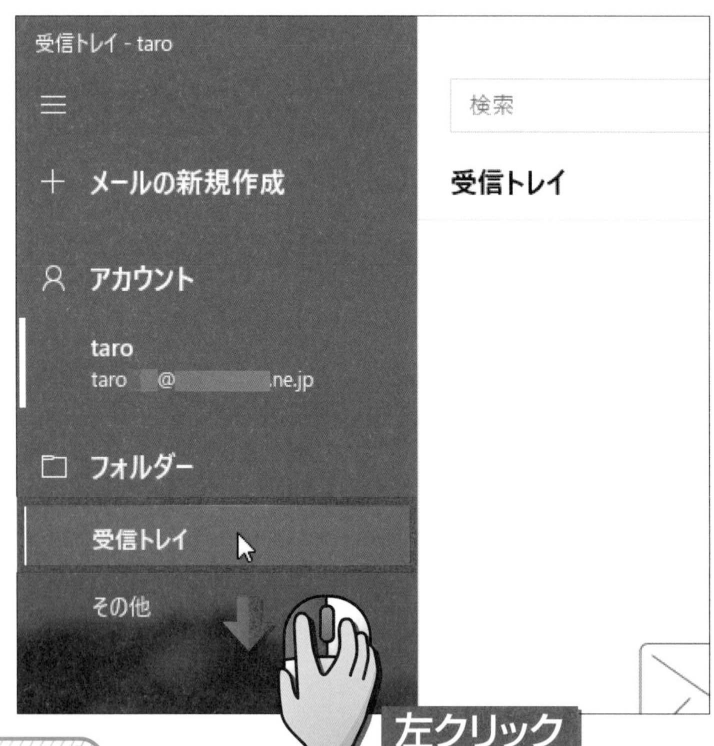

140ページの方法で、「メール」を起動します。

受信トレイ に カーソル を移動して、左クリックします。

ポイント！

受信したメールは、受信トレイ の中に入っています。

2 メールを表示します

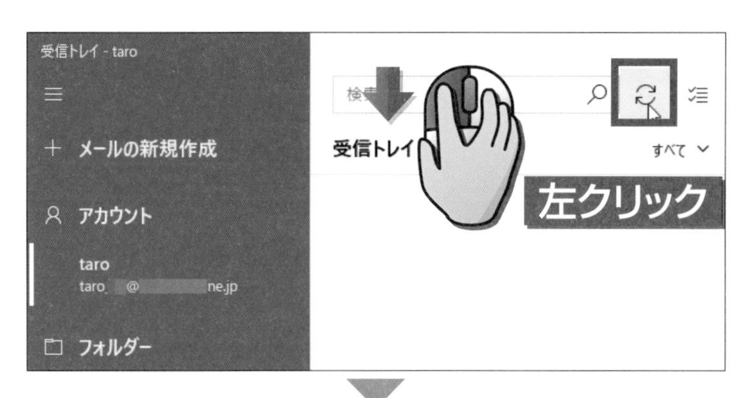

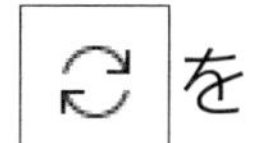を

左クリックします。

メールの受信が
行われます。

読みたいメールを

左クリックします。

画面の右側に、メールの内容が表示されます。

メールを書いて送ろう

「メール」を利用して、新しくメールを作成してみましょう。
メールの宛先を指定して、件名と本文を入力します。

操作
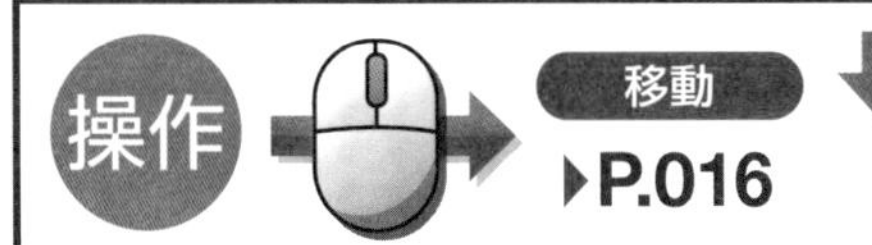

▶P.016

▶P.017

▶P.028

1 新しいメールを作成します

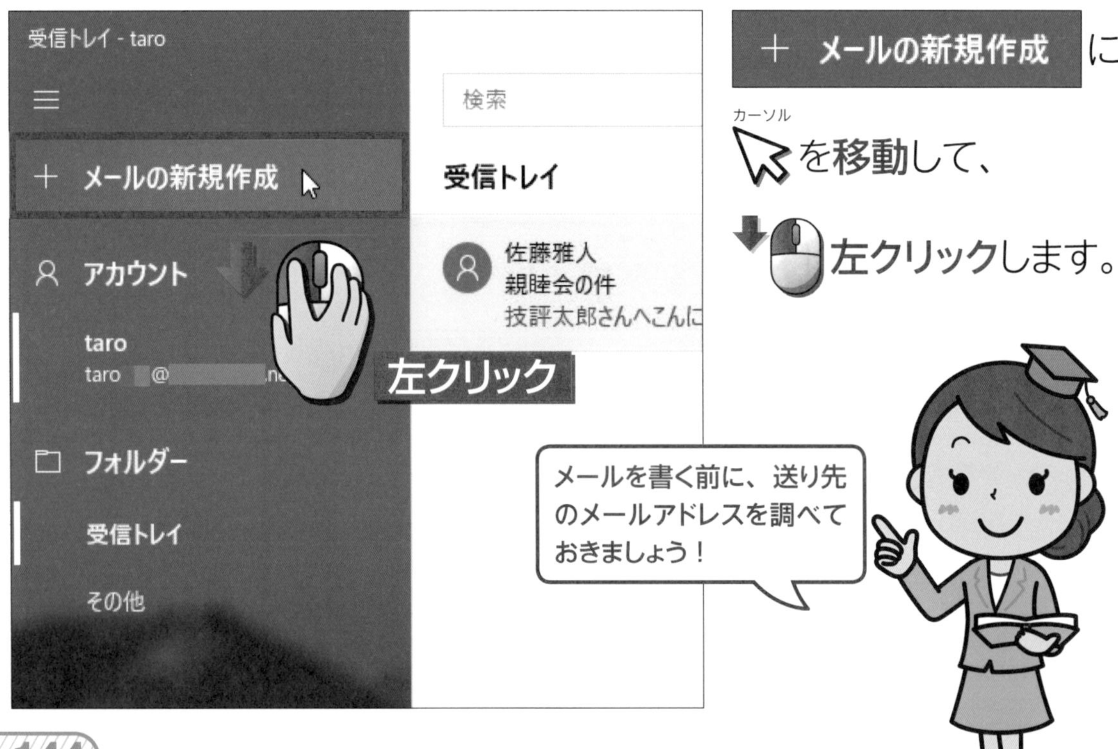

＋ メールの新規作成 に カーソルを移動して、左クリックします。

2 宛先を指定します　その1

宛先: の右側に

カーソル を移動して、

左クリックします。

文字カーソル | が表示されます。

3 宛先を指定します　その2

送信先の
メールアドレスを
入力します。

ポイント!

このアドレスを使用します: に表示されたアドレスが正しければ、左クリックして選択することができます。

次へ >>>

4 件名を入力します　その3

件名 に

カーソル
を移動して、

左クリックします。

文字カーソル
｜ が表示されます。

5 件名を入力します　その4

メールの件名を

入力します。

ポイント！

日本語入力を行うには、半角/全角キーを押して あ に切り替えます。

6 本文を入力して送信します

本文を書く欄を

左クリックします。

メールの本文を

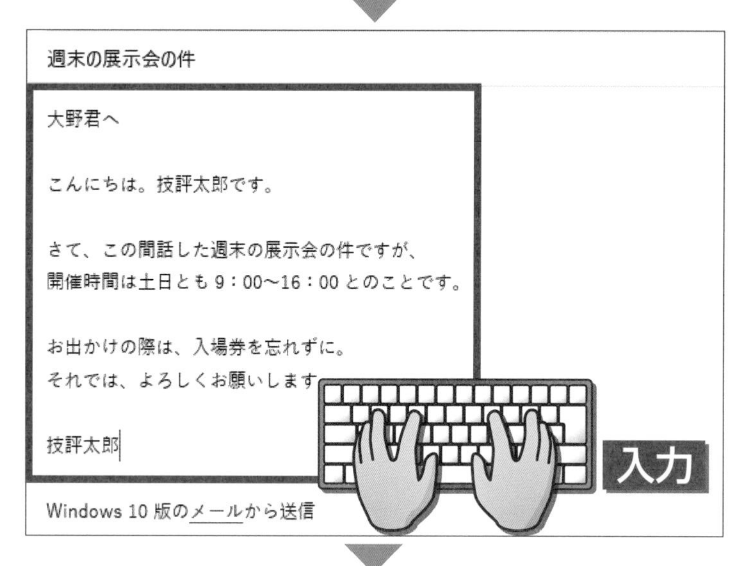

週末の展示会の件
大野君へ
こんにちは。技評太郎です。
さて、この間話した週末の展示会の件ですが、
開催時間は土日とも 9：00～16：00 とのことです。
お出かけの際は、入場券を忘れずに。
それでは、よろしくお願いします
技評太郎
Windows 10 版のメールから送信
入力

入力します。

画面右上の

送信 を

左クリックします。

これで、メールが
送信できました。

メールに返信しよう

受信したメールに、返事を書きましょう。
返事を書きたいメールを表示するところから、操作を始めます。

1 返事を書く画面を表示します

返事を書きたい
メールのタイトルを

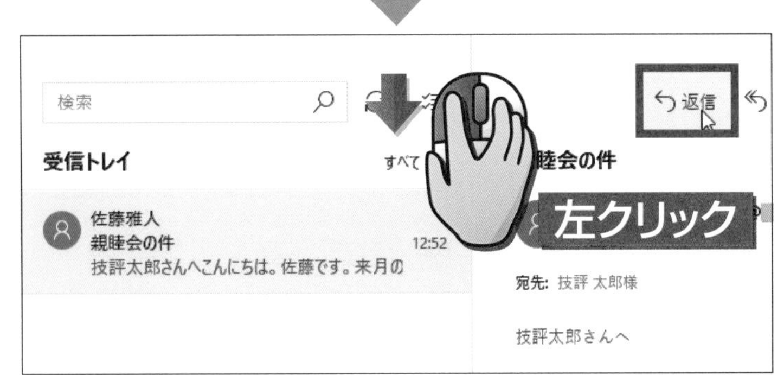

返信 を

2 メールの返事を書きます

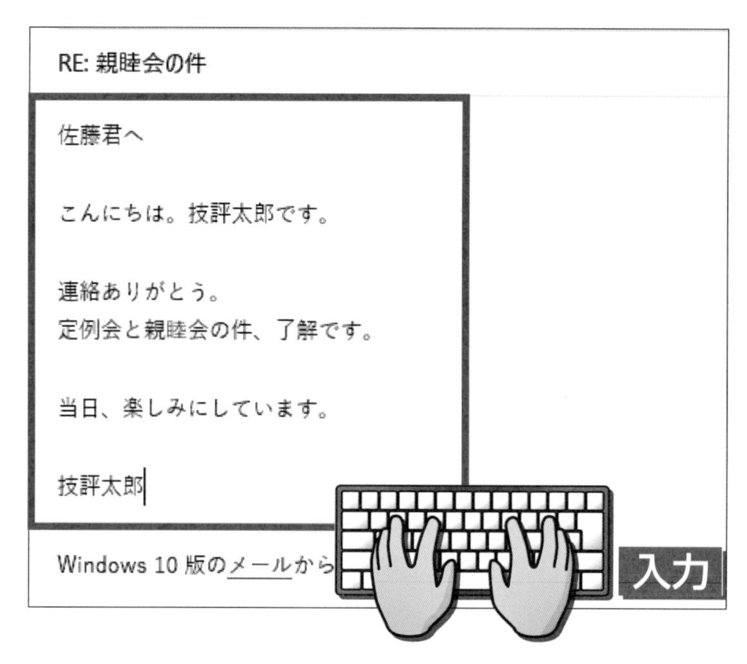

RE: 親睦会の件
佐藤君へ
こんにちは。技評太郎です。
連絡ありがとう。
定例会と親睦会の件、了解です。
当日、楽しみにしています。
技評太郎
Windows 10 版のメールから
入力

返信画面が
表示されます。

メールの返事を

入力します。

ポイント!

メールの本文には、返信したいメールの元の文章が残っています。また、返信先の宛先や件名もあらかじめ入力されています。

3 メールを送信します

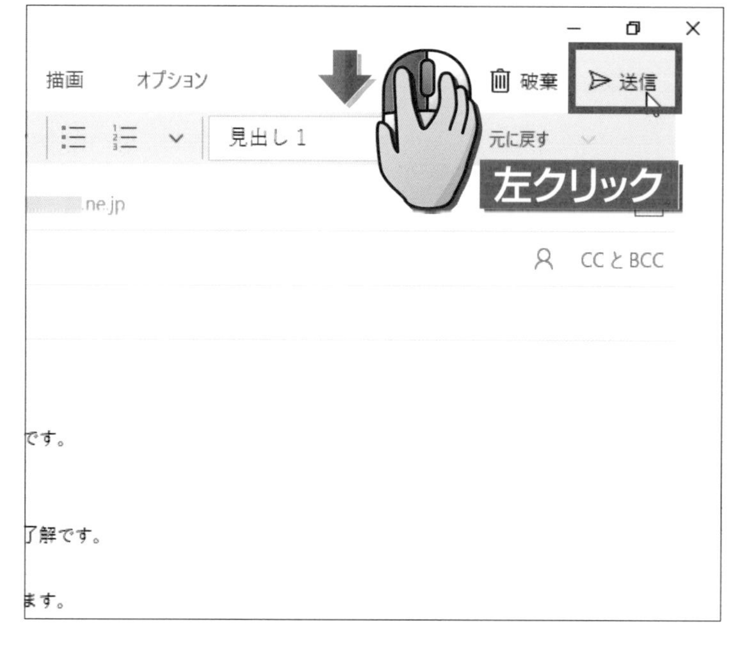

画面右上の

送信 に

カーソルを移動して、

左クリックします。

これで、メールに
返信できました。

同じ内容のメールを複数の人に送ろう

同じ内容のメールを、複数の人に送る方法を紹介します。
１度に何人もの相手に送れるので、１通ずつメールを作成する手間が省けます。

1 宛先を指定する準備をします

144ページの方法で、新しくメールを作成する画面を開きます。

の右側に

カーソルを移動して、

左クリックします。

2 宛先を入力します

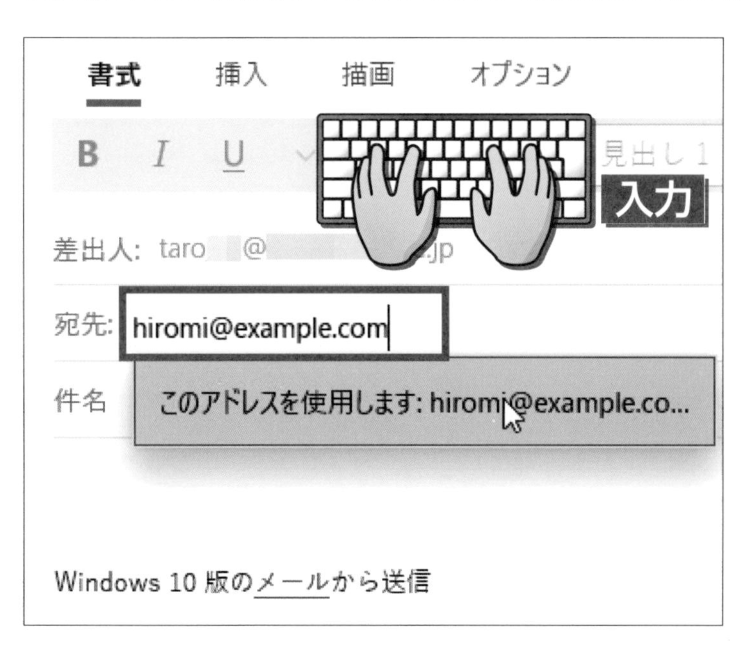

宛先を

入力します。

ポイント!

このアドレスを使用します: に表示されたアドレスが正しければ、左クリックして選択します。すると、メールアドレスのうしろに自動的に「;」が表示されます。

3 2人目の宛先を指定します

入力した宛先の右側に

カーソル を移動して、

左クリックします。

次へ >>>

4 2人目の宛先を入力します

続いて「；」と

入力し、

2人目の宛先を

入力します。

ポイント！

3人目、4人目の宛先が必要な場合は、同様の方法で宛先を入力します。

5 メールを送信します

複数の人の宛先を入力できました。

146ページの方法でメールの件名や本文を

入力して、

メールを送信します。

宛先に複数の人が入っているメールに返信するには?

宛先に複数の人が入っているメールに返信するときは、差出人だけでなく、**全員に向けて返信**できます。

宛先欄に複数の人が指定されたメールを表示し、
次の操作を行います。

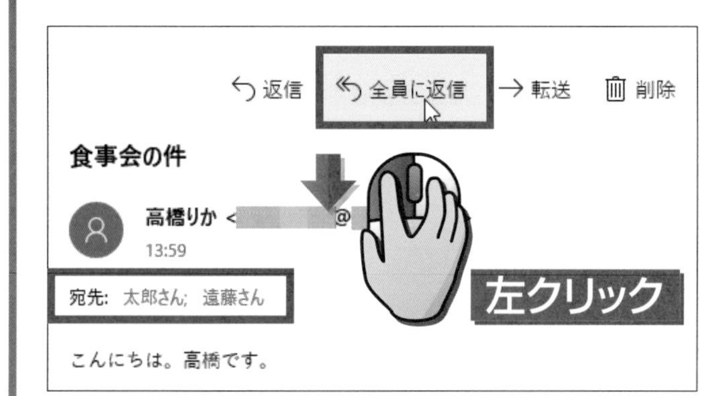

全員に返信 を 左クリックします。

返信する画面が表示され、
宛先に全員のメールアドレスが指定されています。

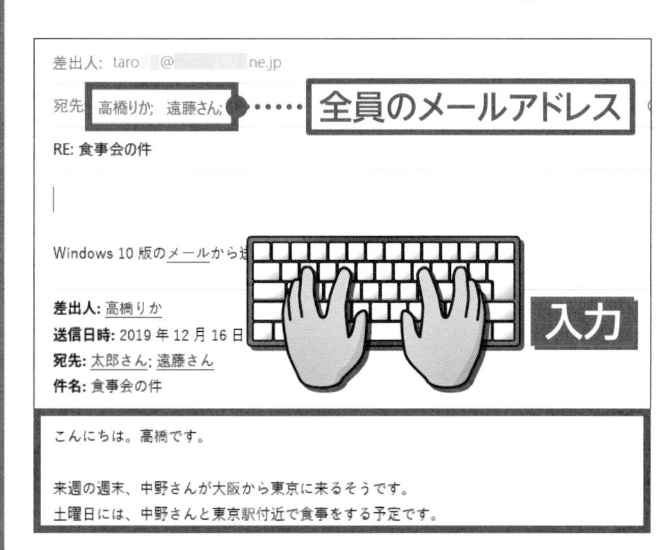

147ページの方法で本文を

入力して、

メールを送信します。

メールを印刷しよう

受信したメールを印刷しましょう。
印刷するメールを表示してから、印刷の操作を行います。

1 印刷するメールを表示します

142ページの方法で、印刷するメールを開きます。

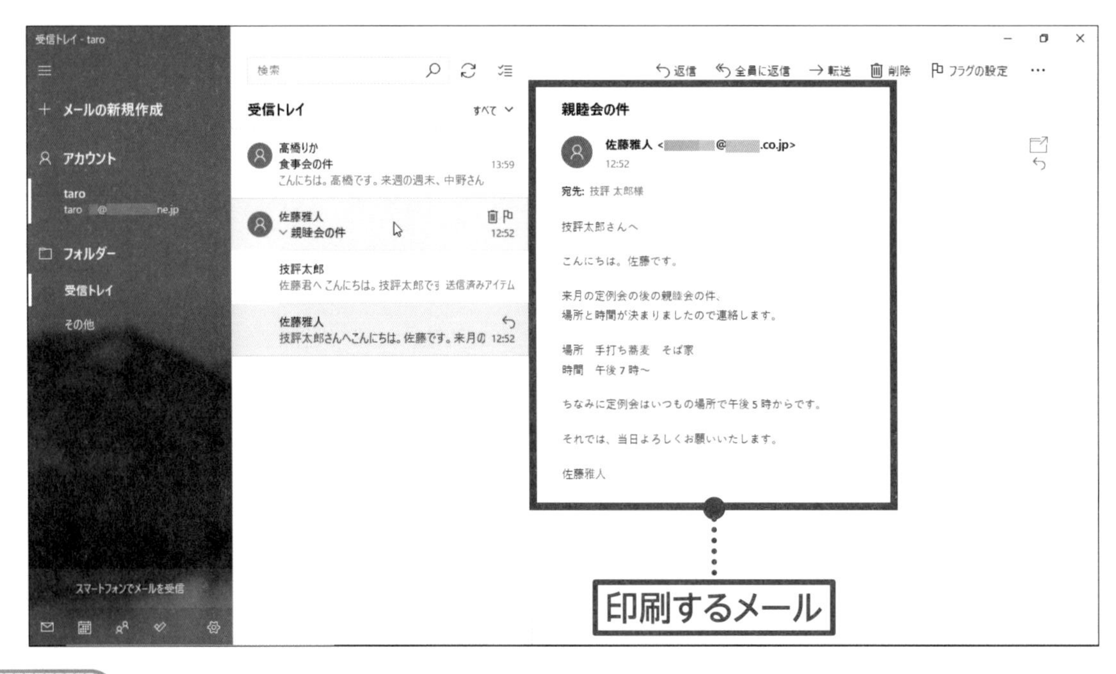

2 印刷をする準備をします

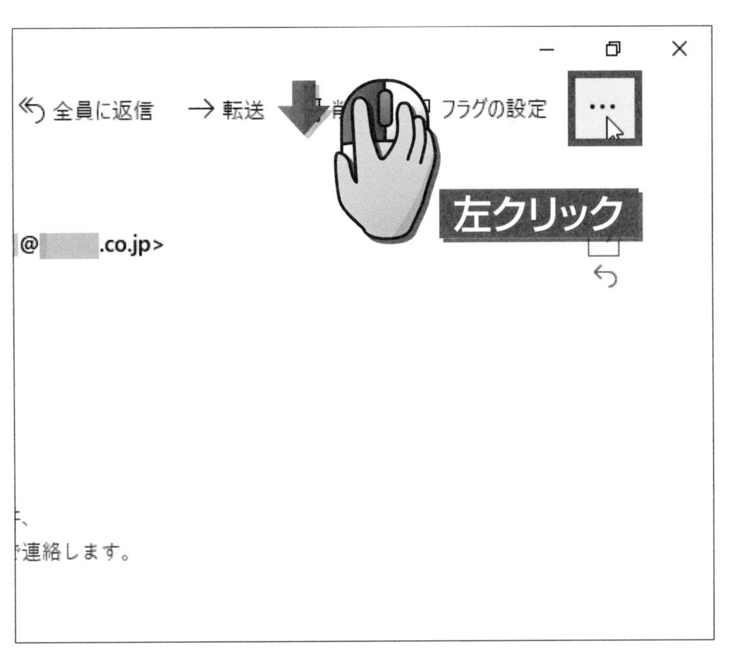

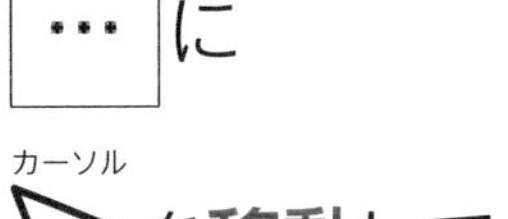
に

カーソルを移動して、

左クリックします。

3 「印刷」を左クリックします

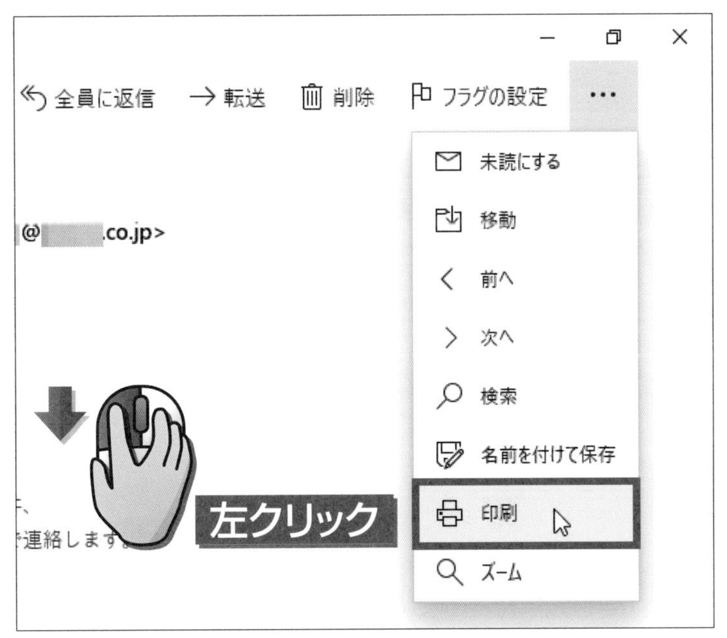

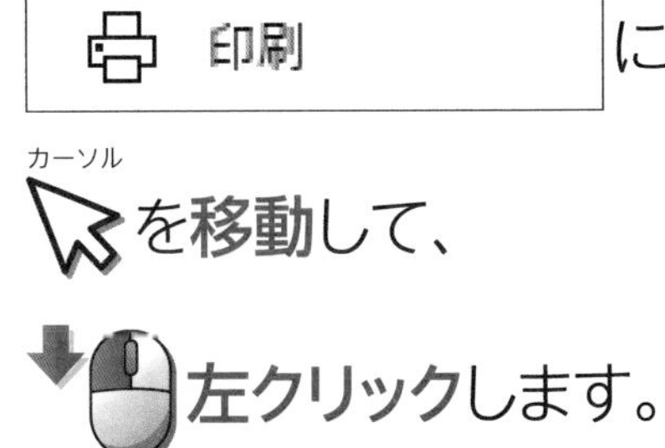

に

カーソルを移動して、

左クリックします。

4 プリンターを確認します

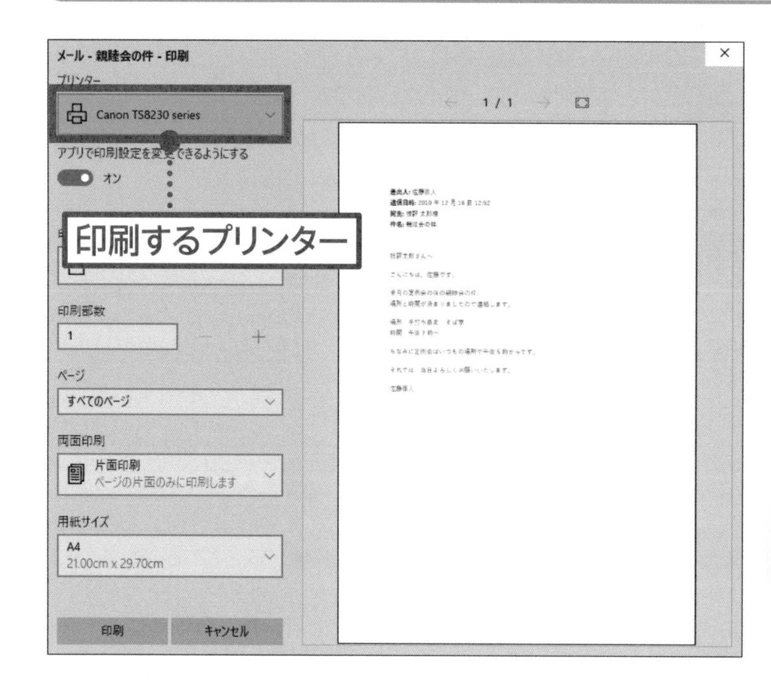

印刷画面が表示されます。

印刷するプリンターが表示されていることを確認します。

ポイント!

印刷するプリンターが選択されていない場合は、∨を左クリックして選択します。

5 印刷を実行します

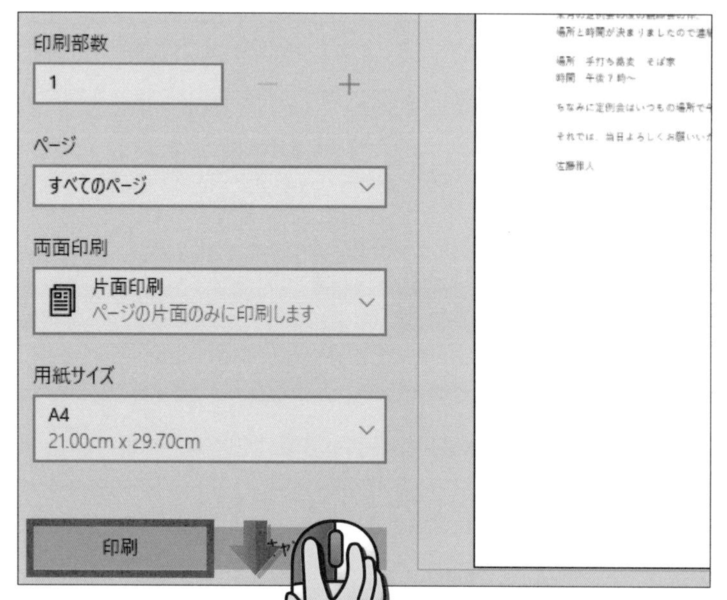

に

カーソルを移動して、

左クリックします。

メールが印刷されます。

ポイント!

140ページの方法で、「メール」を終了します。

第8章

8 メールをもっと便利に活用しよう

この章で学ぶこと

- メールにファイルを添付できますか?
- 連絡先に宛先を登録できますか?
- 連絡先から宛先を指定できますか?
- メールに署名を付けられますか?
- メールを検索できますか?
- メールを削除できますか?

この章でやることを知っておこう

この章では、メールに写真などのファイルを添付して送る方法を紹介します。
また、「メール」アプリを便利に使いこなすための機能を紹介します。

この章でやること

この章では、メールをもっと便利に使うための方法を学びましょう。メールに**写真を添付**して送ったり、メールを送る相手のメールアドレスを**連絡先に登録**したりする方法を紹介します。

● 添付ファイル付きのメールを送る

● 連絡先から宛先を選ぶ

この章の流れ

この章では、メールを活用するために次の操作を学びます。

ここまでできれば、メールはマスターできたも同然だね！

この章で、メールの使い方の解説は終了です！

ファイルを添付してメールを送ろう

メールでファイルを送る方法を紹介します。
ここでは、写真のファイルを添付して送信します。

1 メールを作成します

あらかじめ、写真のデータをパソコンにコピーしておいてください。
140ページの方法で「メール」を起動し、
144ページの方法で新しくメールを作成しておきます。

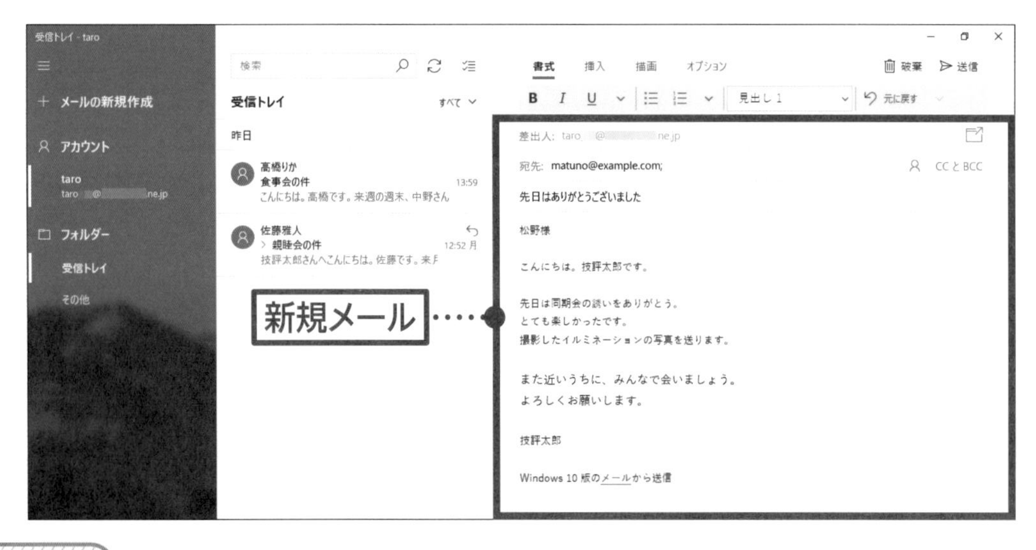

2 ファイルを選択する画面を開きます

挿入 に

カーソル を移動して、

左クリックします。

表示される

ファイル を

左クリックします。

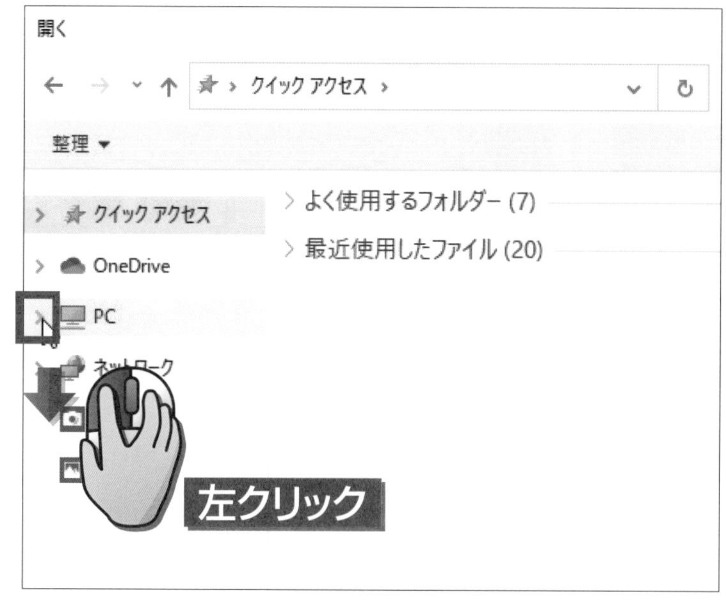

PC の

横の > を

左クリックします。

ポイント!

> は PC に を近づけると表示されます。

次へ >>>

3 ファイルの保存先を選びます

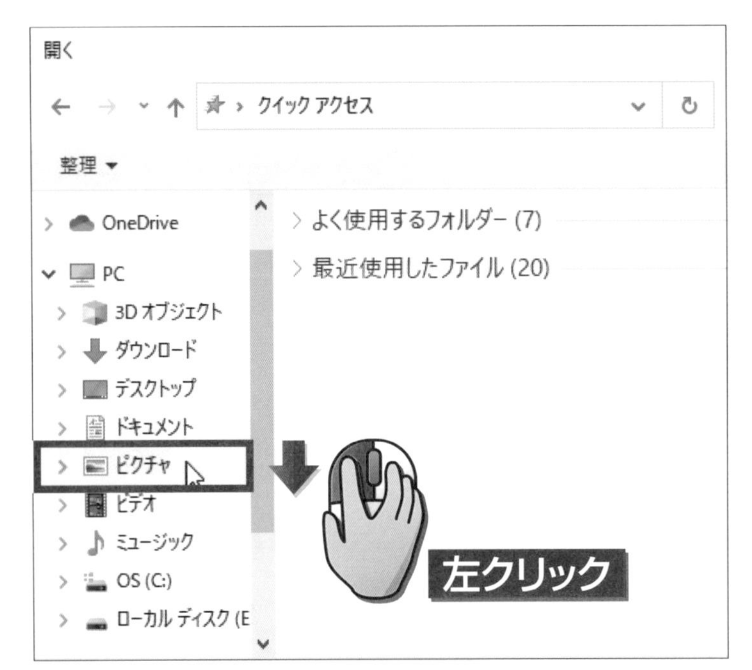

ファイルが
保存されている場所を
左クリックして、
指定します。

ポイント！

ここでは、「ピクチャ」フォルダーに保存されている写真を添付して送ります。

4 ファイルを選択します

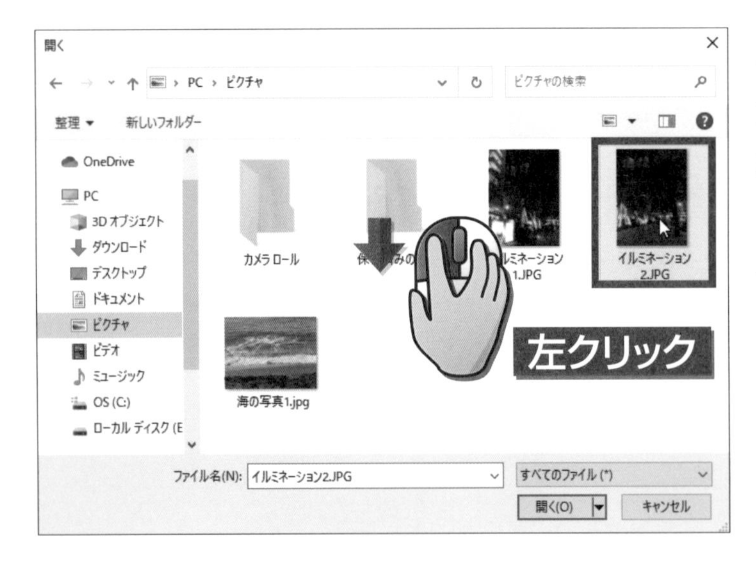

メールに
添付するファイルに
カーソルを移動して、

左クリックします。

5 ファイルを添付します

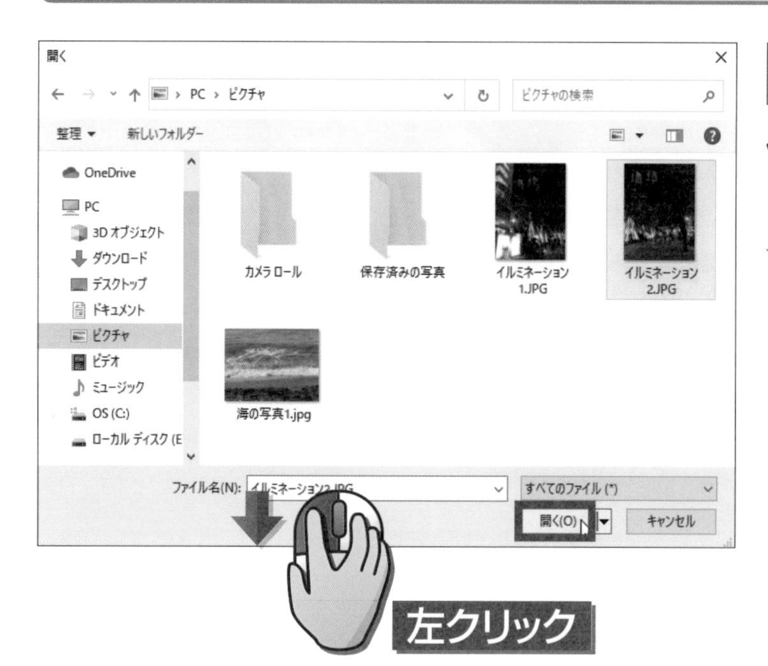

開く(O) に

カーソルを移動して、

左クリックします。

6 ファイルが添付されました

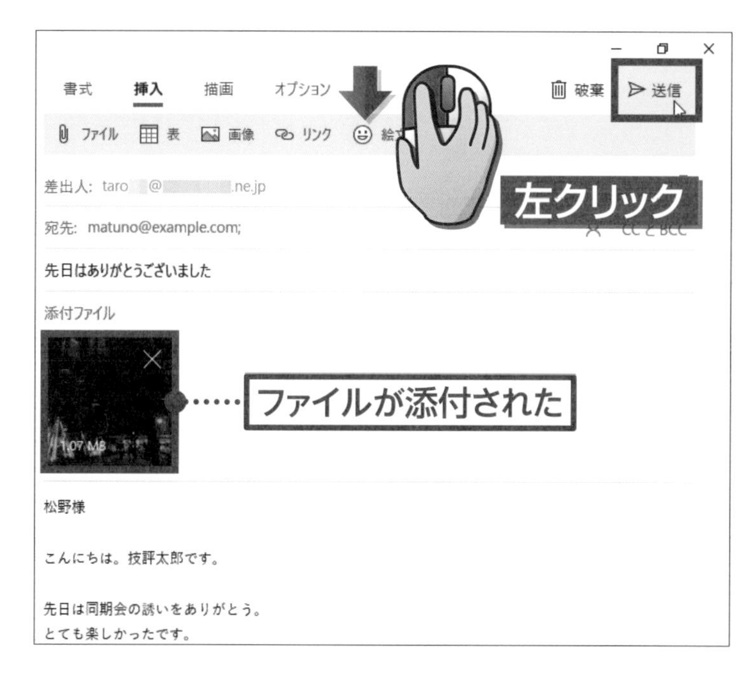

メールにファイルが添付されました。

送信 を

左クリックすると、

メールが送られます。

送られてきた添付ファイルを見よう

受信したメールに付いている添付ファイルを見る方法を紹介します。
差出人を確認して、添付ファイルの内容に信頼のおける場合にのみ開きましょう。

1 添付ファイルの付いたメールを開きます

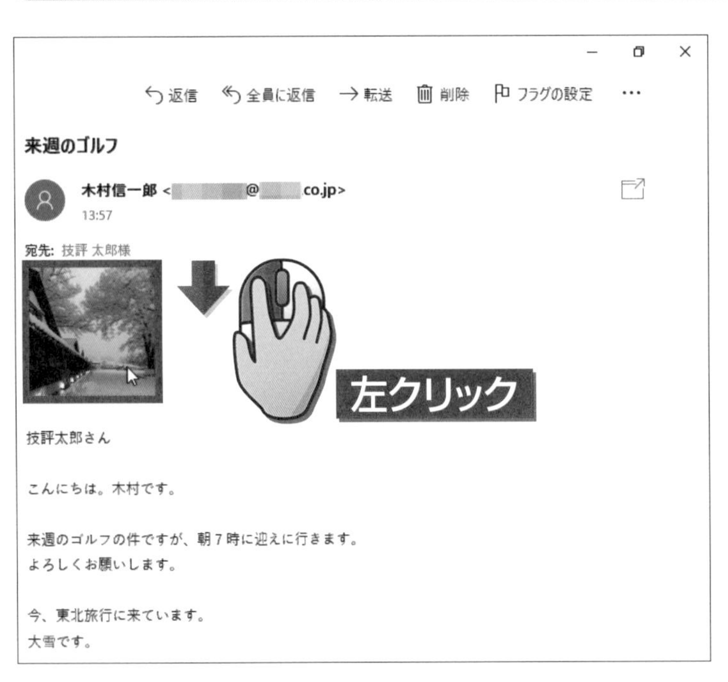

142ページの方法で、添付ファイルの付いたメールを開きます。

添付ファイルのアイコンにカーソルを**移動**して、

2 添付ファイルが開きました

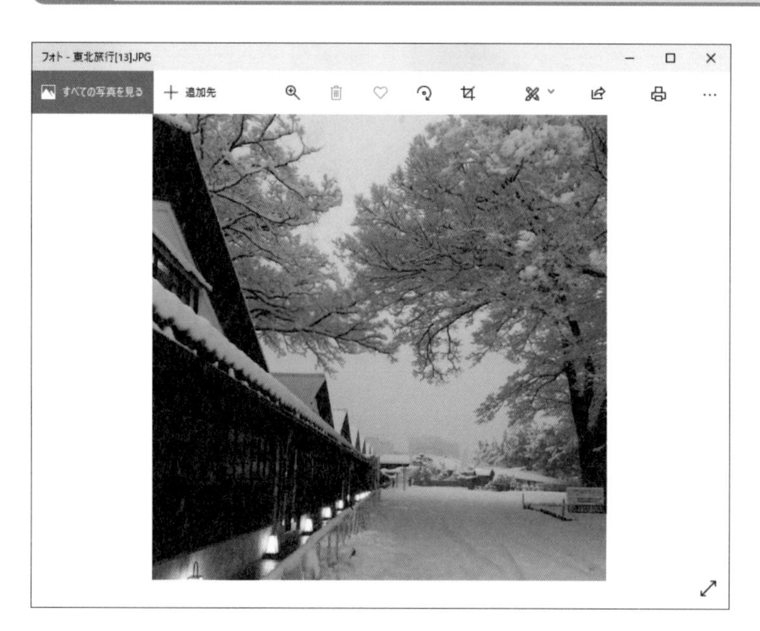

別のアプリが起動し、
添付ファイルが
開きます。

3 添付ファイルを閉じます

に

カーソル
を**移動**して、

すると、
添付ファイルが
閉じます。

添付ファイルを保存しよう

メールに添付されたファイルを保存する方法を紹介します。
ここでは、ファイルを「ピクチャ」フォルダーに保存します。

1 添付ファイルを右クリックします

142ページの方法で、添付ファイルが付いたメールを開きます。

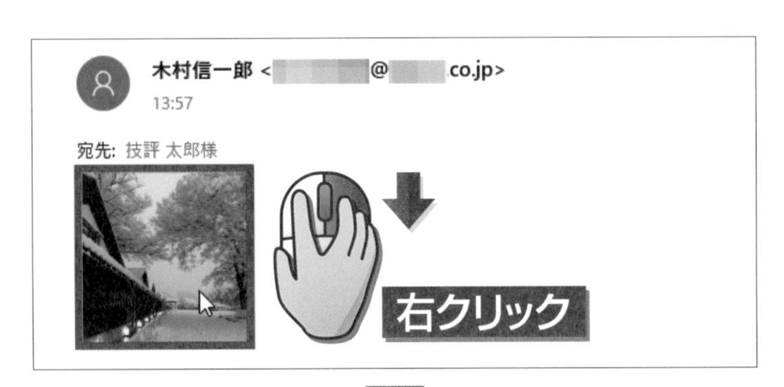

添付ファイルを

右クリックします。

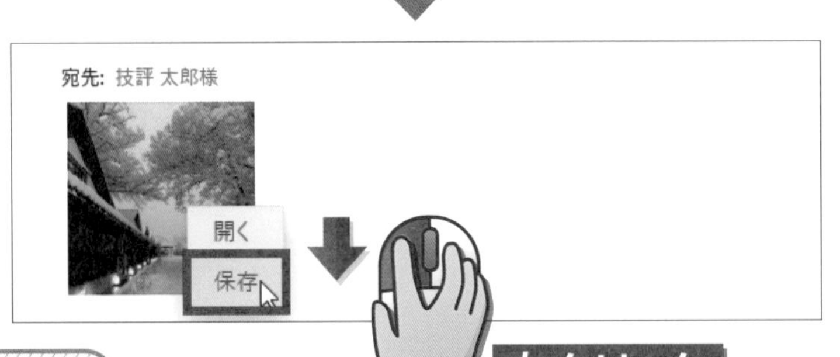

保存 を

左クリックします。

2 添付ファイルを保存します

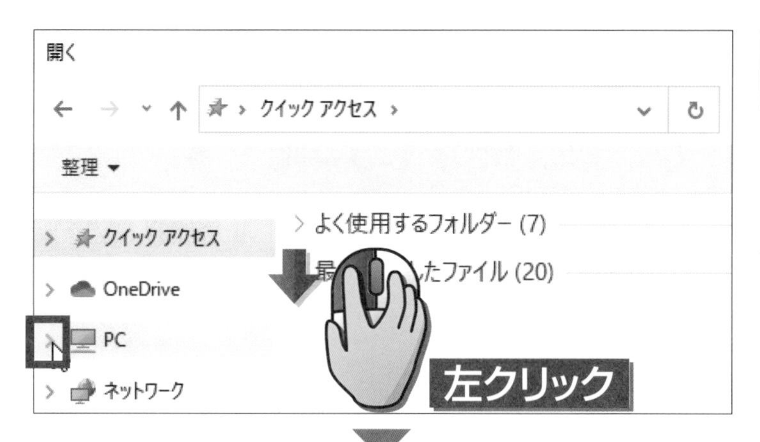

の横の>を左クリックします。

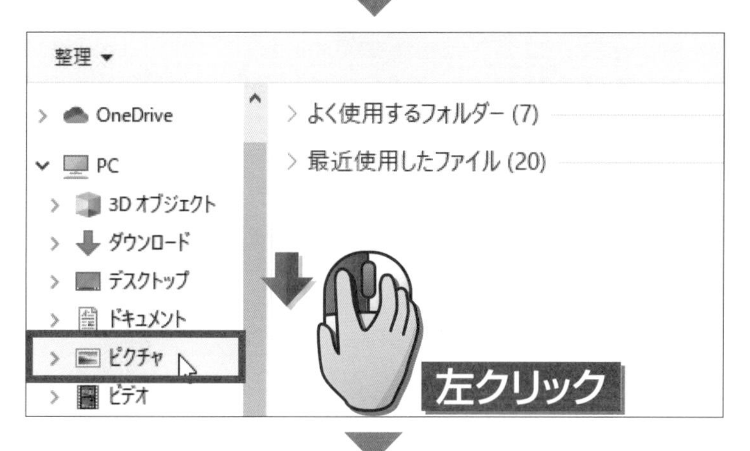

を左クリックします。

ポイント!

「ピクチャ」フォルダーがあらかじめ表示されている場合もあります。

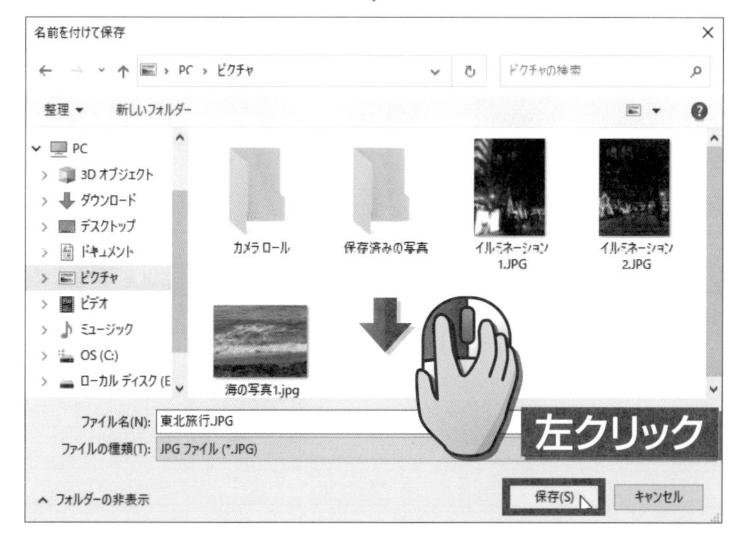

を左クリックします。

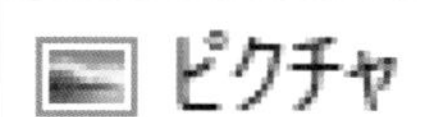

添付ファイルが保存できました。

連絡先にメールアドレスを登録しよう

よくメールをやり取りする人のメールアドレスを連絡先に登録しましょう。
メールの宛先を指定するときに、簡単に指定できるようになります。

操作  移動 ▶P.016  左クリック ▶P.017   入力 ▶P.028

1 連絡先を表示します

画面左下にある

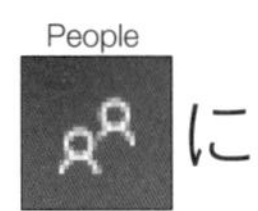

に

カーソルを**移動**して、

左クリックします。

2 「People」が起動します

「People」という、連絡先を管理するアプリが起動します。

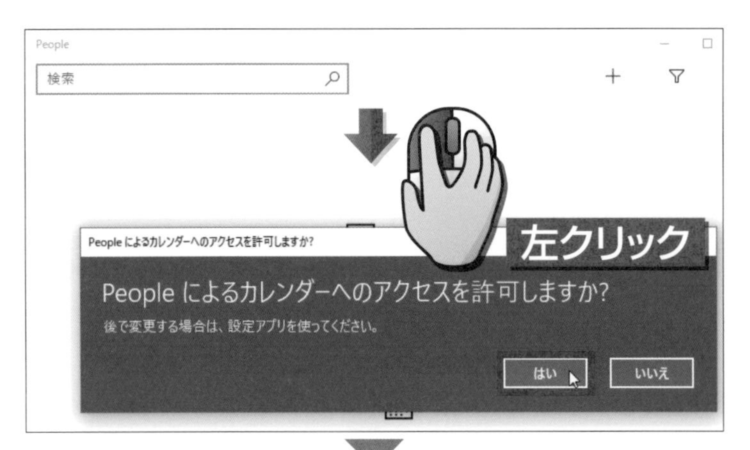

左の画面が
表示された場合は、

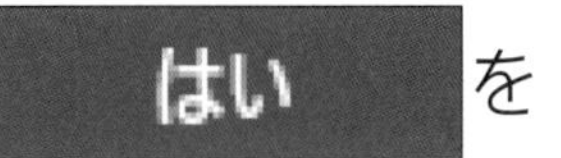

を

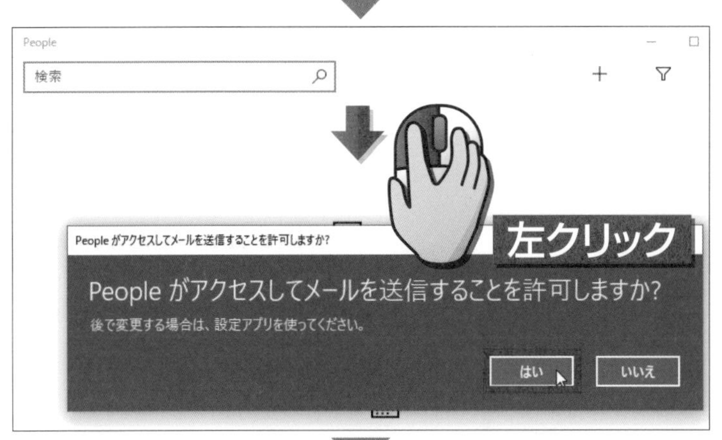

左の画面が
表示された場合は、

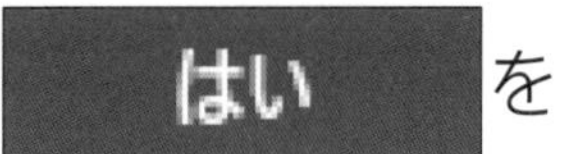

を

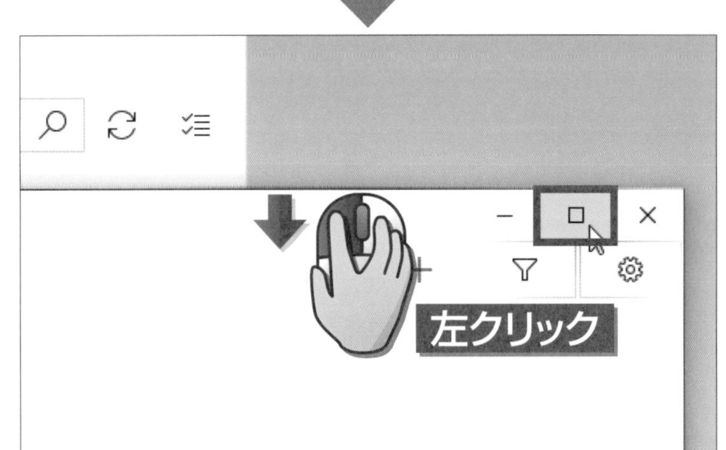

画面が小さく
表示されている場合は、

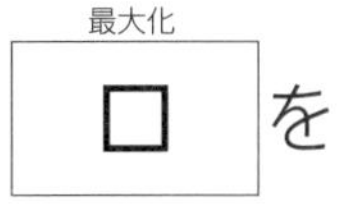

を

3 名前を指定します

ウィンドウが大きく
表示されました。

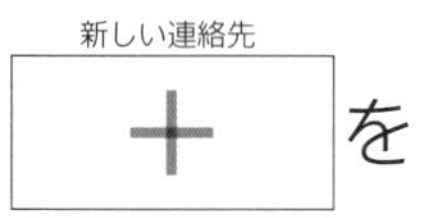

を

左クリックします。

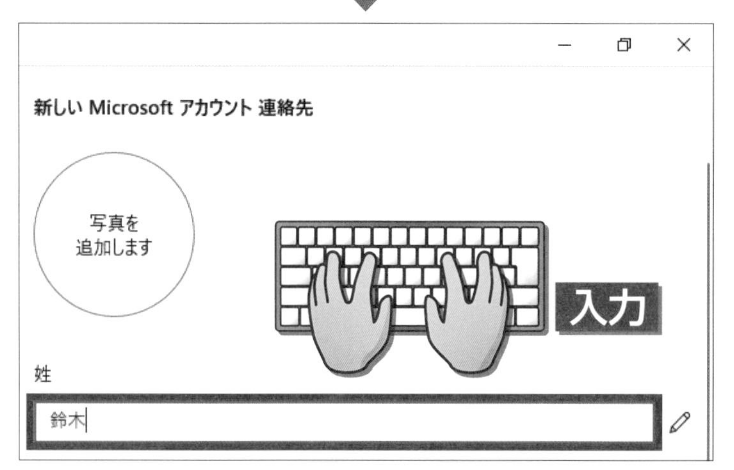

姓 の下を

左クリックして、

登録する人の「姓」を

入力します。

姓
鈴木
名
優子
携帯電話
入力

名 の下を

左クリックして、

登録する人の「名」を

入力します。

4 メールアドレスを指定します

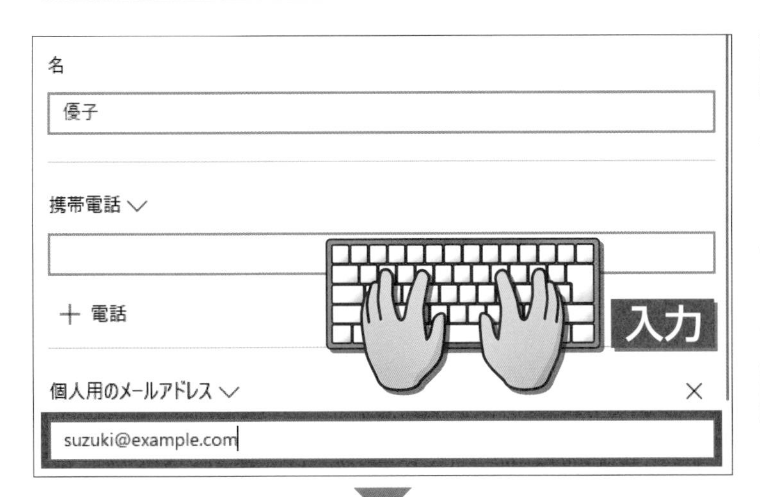

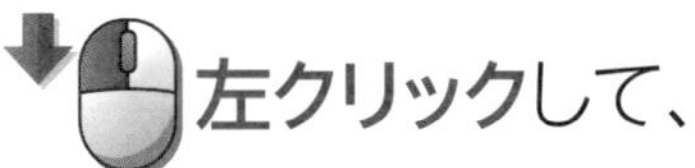の下を

左クリックして、

登録する人の
メールアドレスを

入力します。

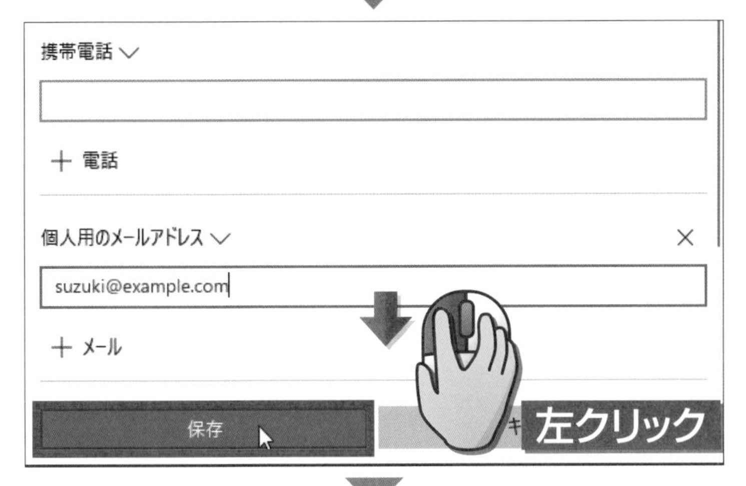

を

左クリックします。

これでメールアドレスの
登録が完了しました。

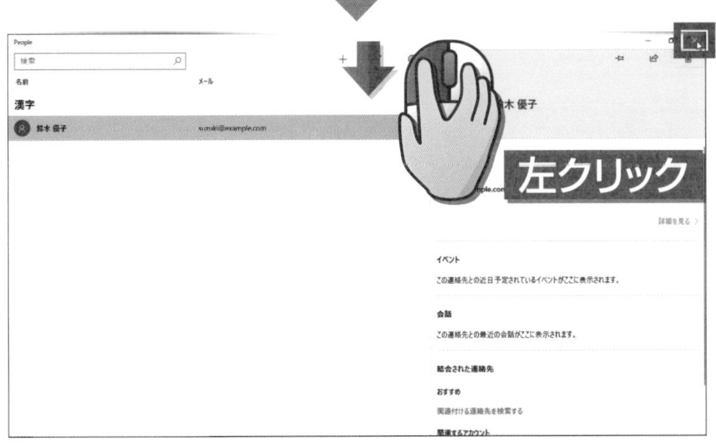

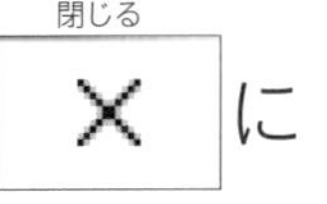に

カーソル
を移動して、

左クリックします。

「People」が終了します。

連絡先から メールを送ろう

連絡先にメールアドレスを登録した人にメールを送ります。
メールアドレスを入力する手間が省けて便利です。

1 宛先を指定する準備をします

144ページの方法で、新しくメールを作成する画面を開きます。

宛先: の右側の

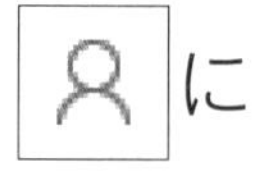 に

カーソルを移動して、

2 メールを送る相手を選択します

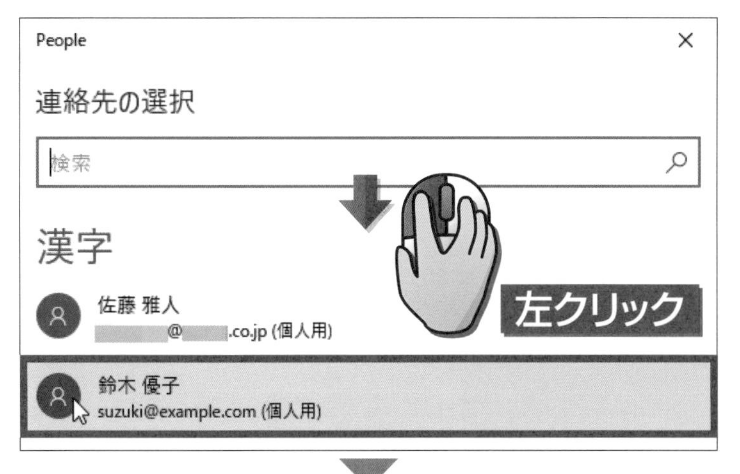

連絡先を選択する
画面が表示されます。

宛先に指定する相手を

左クリックします。

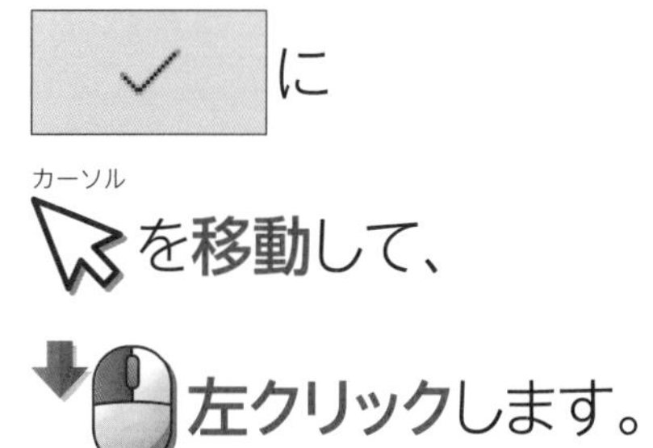

に

カーソル を移動して、

左クリックします。

宛先が指定できました。

146ページの方法で
メールの件名や本文を

入力して、

メールを送信します。

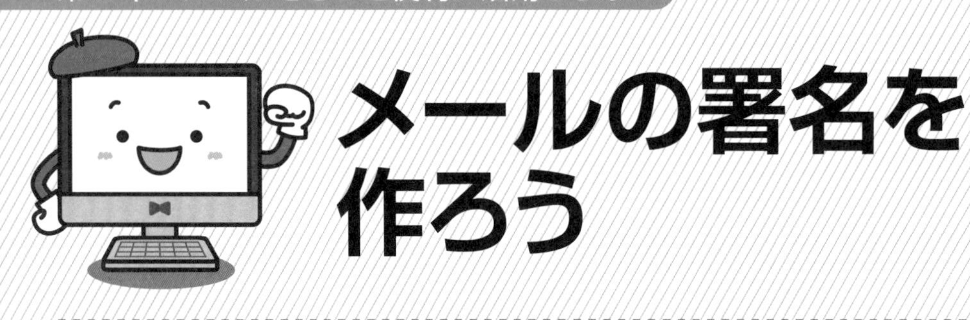

メールの署名を作ろう

メールの最後に、自動的に署名が追加されるようにします。
名前やメールアドレスなど、署名の内容を登録しましょう。

1 設定画面を表示します

画面左下の  に（設定）

カーソル を移動して、

署名とは、メールを作成するときに自動的に挿入される差出人の情報です。署名があると、誰からのメールなのかがよくわかるので、追加した方がよいですよ！

2 署名を作成する画面を開きます

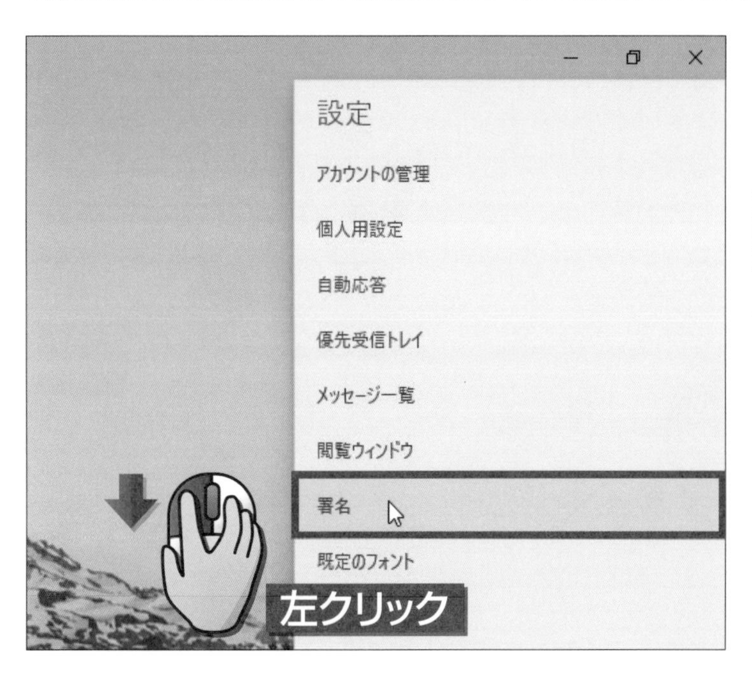

「メール」の設定画面が開きます。

署名 を

左クリックします。

3 アカウントを確認します

署名を作成する画面が表示されます。

アカウント欄に、署名を作成するアカウントが表示されていることを確認します。

4 署名を入力します

の末尾を左クリックします。

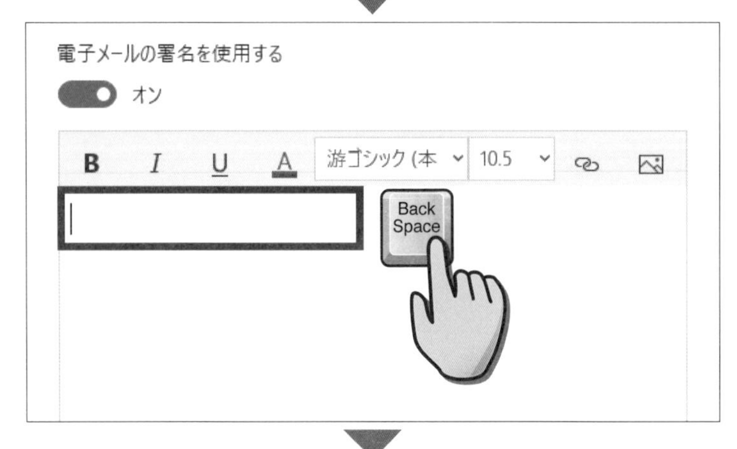

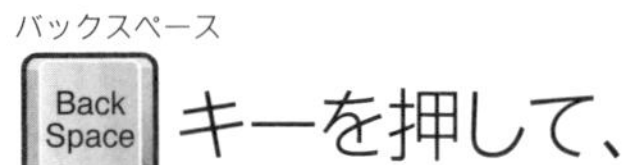

バックスペース
Back Space キーを押して、Windows 10 版のメールから送信の文字を消します。

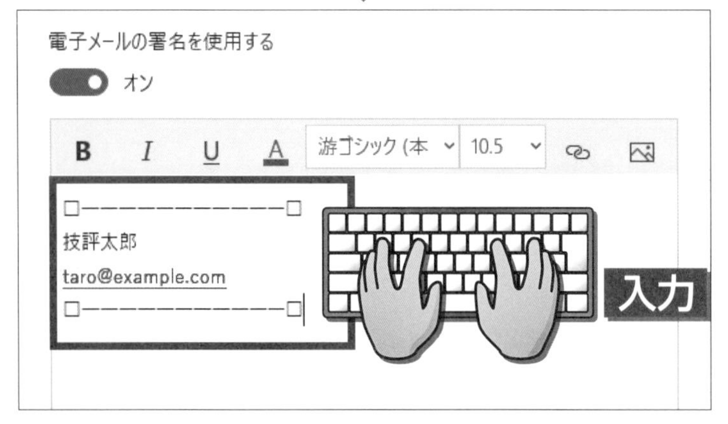

署名を入力します。

5 設定画面を閉じます

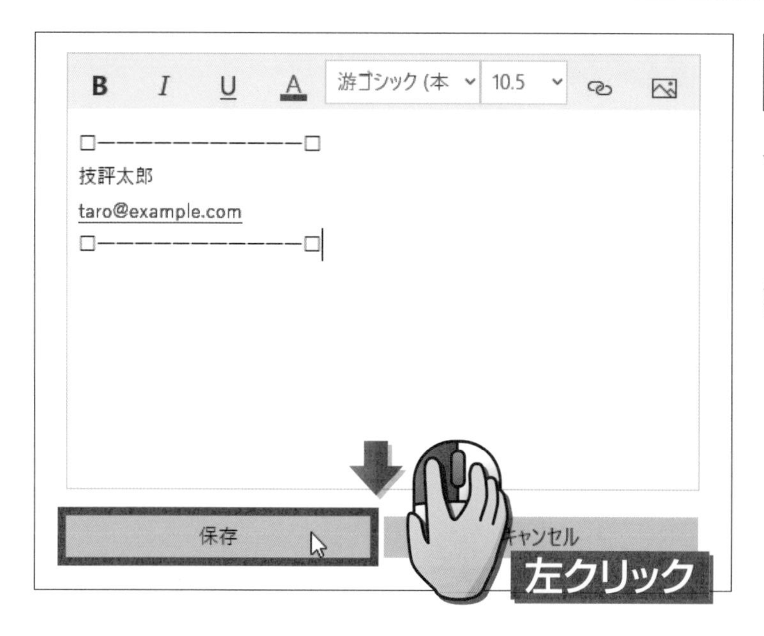

を

左クリックします。

設定画面が閉じます。

コラム 署名に入れる内容は?

署名を設定してから144ページの方法で新しいメールを作成すると、署名が自動的に追加されます。署名の内容は、メールの本文と区別できるように、**区切り線**を入力したあとに、**名前やメールアドレス**を入力します。仕事で必要な場合を除いて、電話番号や住所は入力しないほうがよいでしょう。

メールを検索して探そう

見たいメールを検索して探しましょう。
入力したキーワードを含むメールが表示されます。

操作  左クリック ▶P.017 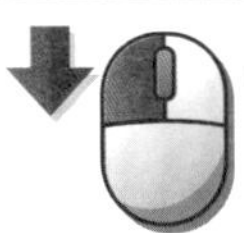  入力 ▶P.028

1 検索を実行します

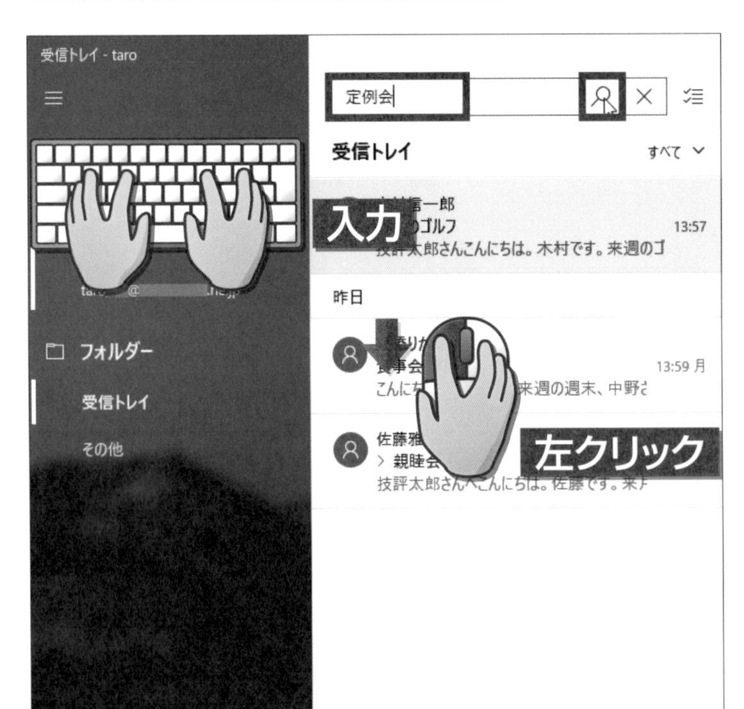

検索 を

左クリックして、

探したいメールに
関連するキーワードを
入力します。

 を

左クリックします。

2 検索したメールを表示します

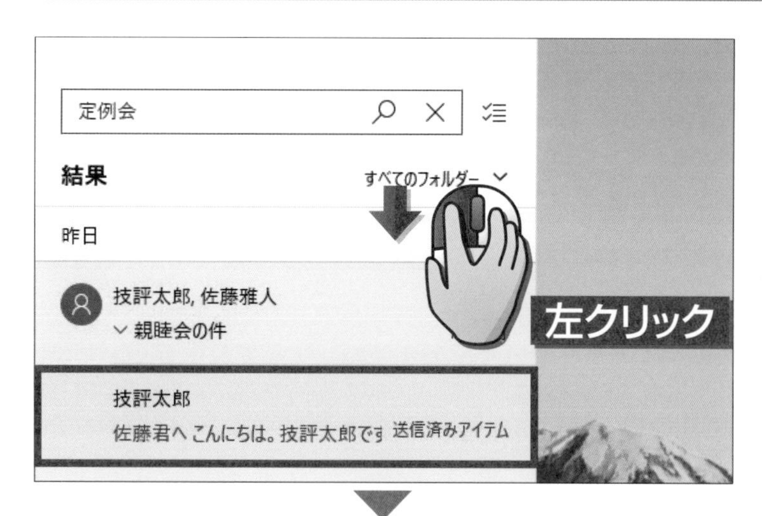

キーワードを含む
メールが表示されます。

タイトルを

左クリックします。

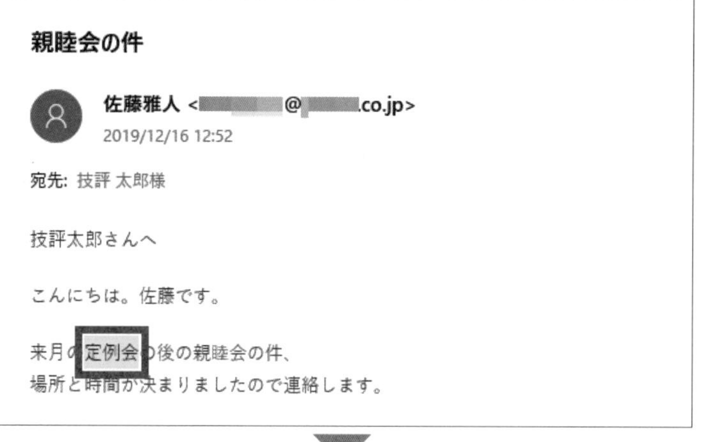

メールの内容が
表示され、
検索キーワードと
一致する文字が
強調されます。

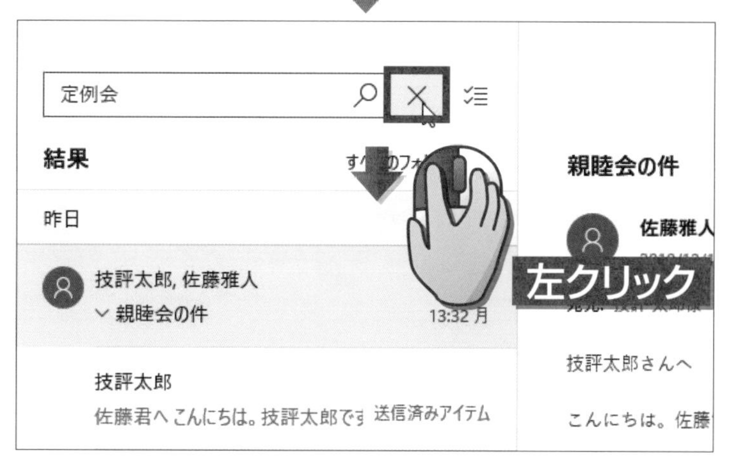

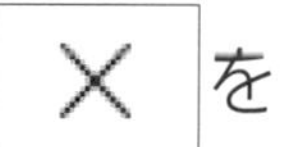を

元の表示に戻ります。

メールを並べ替えよう

メールは通常、日付の新しい順に並んでいます。
ここでは、名前順にメールを並べ替えます。

▶P.016　▶P.017

1 並べ替え方法を指定します

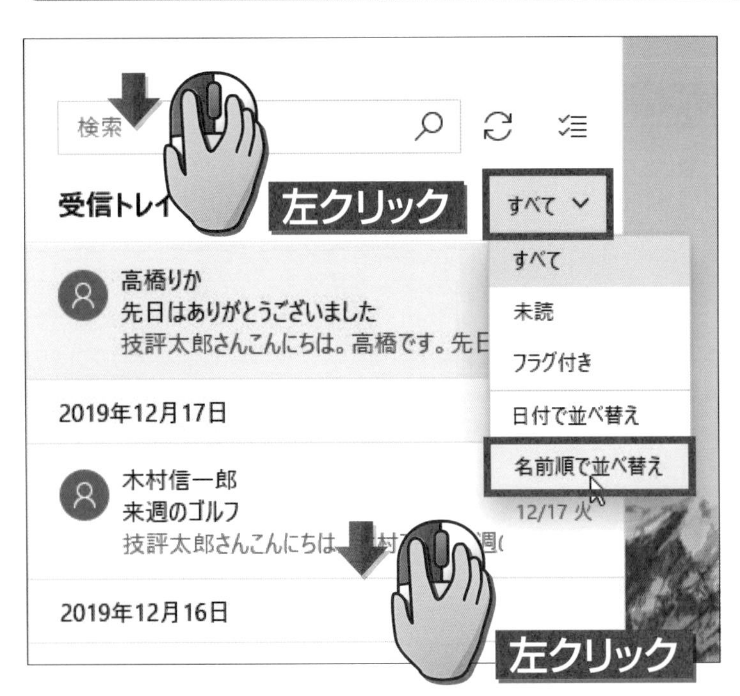

すべて に カーソル を移動して、左クリックします。

名前順で並べ替え を左クリックします。

2 並び順が変わりました

メールの並び順が名前順に変更されて表示されます。

3 並び順を元に戻します

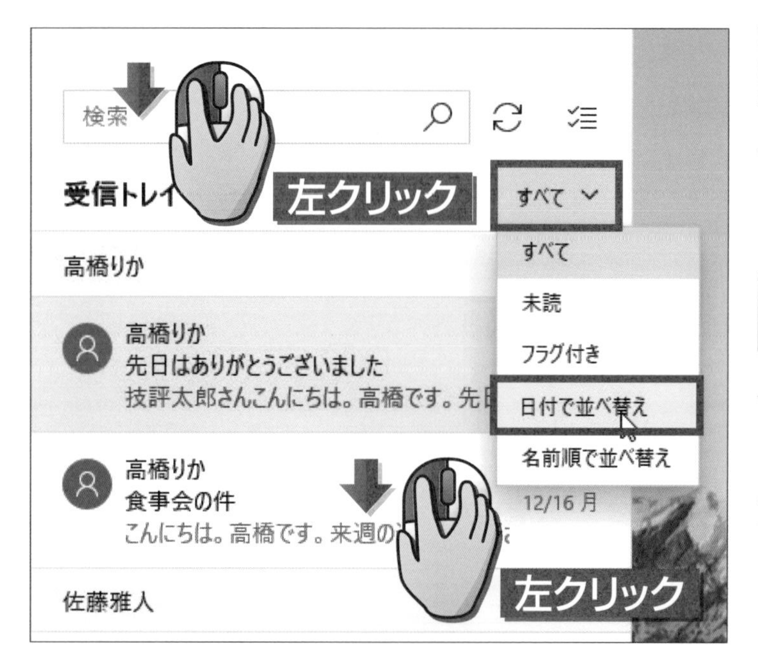

すべて を左クリックします。

日付で並べ替え を左クリックします。

並び順が元に戻ります。

メールを削除しよう

不要なメールを削除する方法を知っておきましょう。
広告メールや悪質ないたずらメールなど、不要なメールを整理します。

1 メールを削除します

削除するメールの
タイトルに
カーソルを移動します。

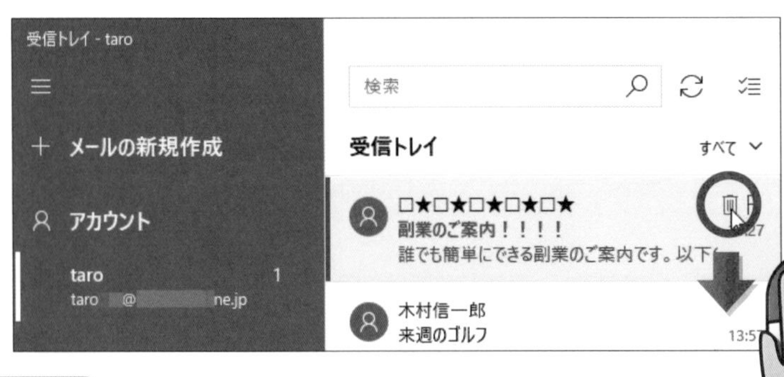

表示される 削除 を

左クリックします。

2 メールが削除されます

メールが
削除されました。

ポイント!

この方法で削除したメールは、「その他」の中の「削除済みアイテム」に移動します。

3 「その他」を左クリックします

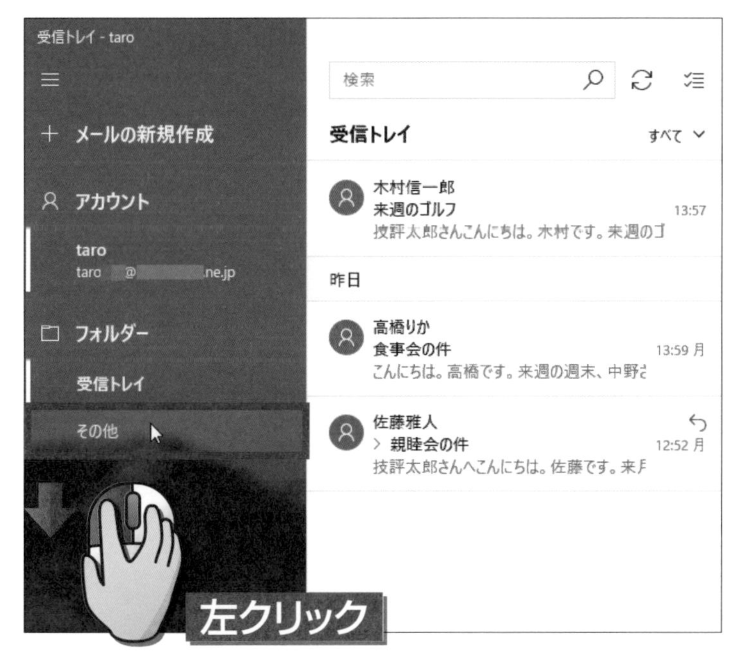

その他
に
カーソル
を移動して、
左クリックします。

次へ >>>

4 削除済みアイテムにあるメールを削除します

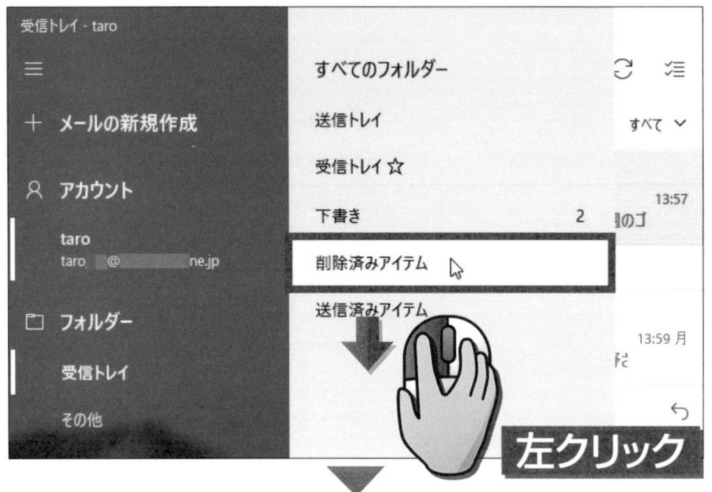

削除済みアイテム を左クリックします。

ポイント!

削除済みアイテム を左クリックすると、削除済みアイテムにあるメールが表示されます。

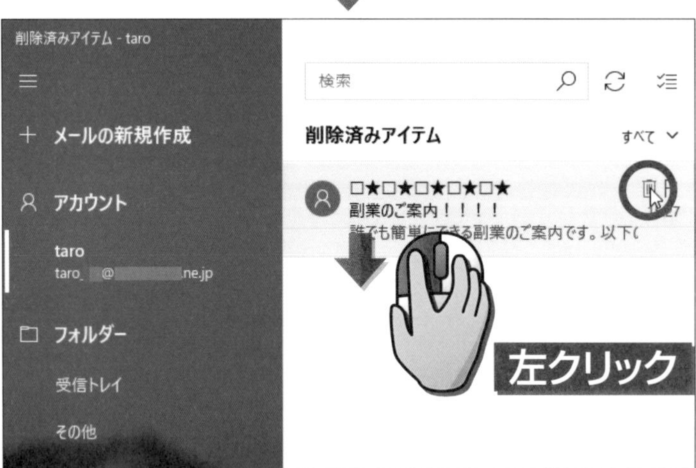

完全に削除したいメールに カーソル を移動します。

表示される 削除 を

左クリックします。

メールが完全に削除されました。

ポイント!

140ページの方法で、「メール」を終了します。

付録

よくある困った!を解決したい

この章で学ぶこと

- Microsoftアカウントについて知っていますか?
- Microsoftアカウントを取得できますか?
- 「メール」の詳細設定をできますか?
- Wi-Fiの設定をできますか?

「メール」アプリをかんたんに起動したい

「メール」アプリを、かんたんに起動できるようにしましょう。
タスクバーに、「メール」アプリを起動するアイコンを登録します。

1 スタートメニューを表示します

20ページの方法で、スタートメニューを表示します。

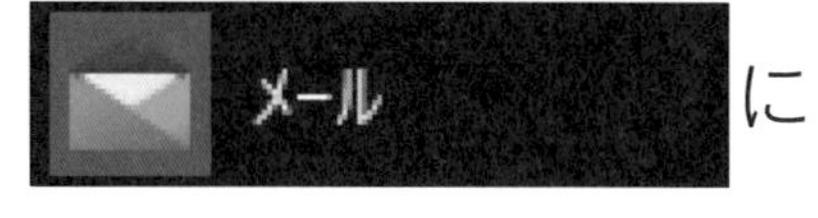

に

カーソルを移動して、

右クリックします。

2 タスクバーにアイコンを登録します

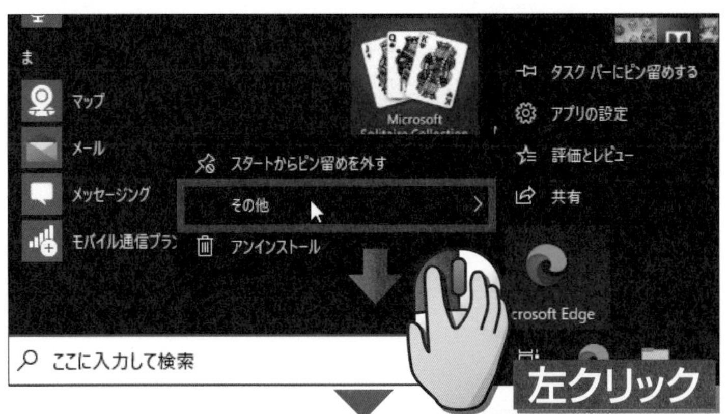

に

を移動して、

左クリックします。

を

左クリックします。

23ページの方法で、
スタートメニューを
閉じます。

タスクバーに

が表示されます。

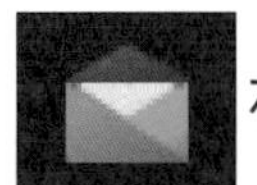を

左クリックすると、

「メール」アプリが
起動します。

かな入力で文字を入力したい

本書は、ローマ字入力で文字を入力する方法を解説しています。
かな入力で文字を入力するには、入力モードアイコンの設定を変更します。

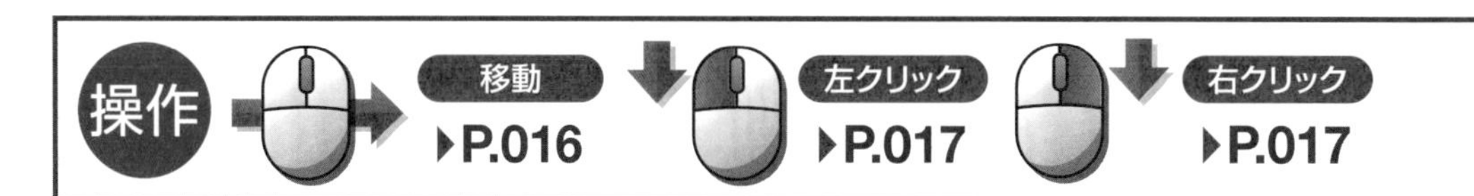

1 入力モードを切り替えます

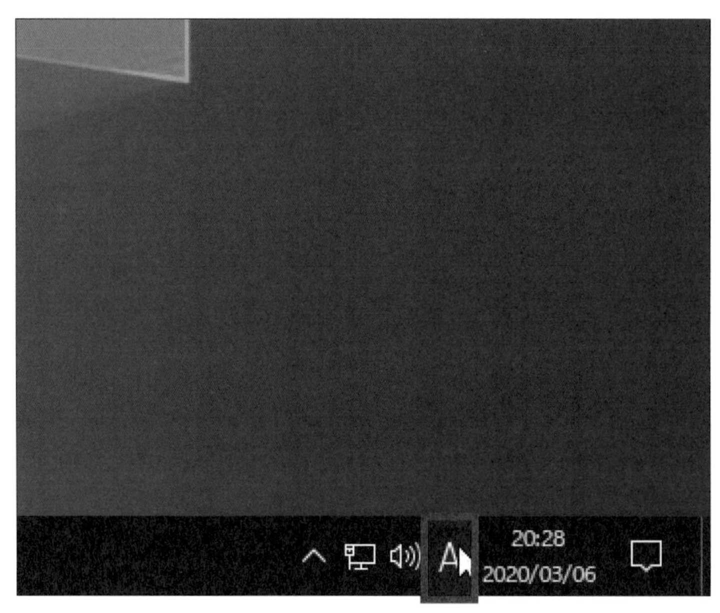

デスクトップ画面を表示します。

タスクバーの入力モードアイコンに

（カーソル）を**移動**して、

右クリックします。

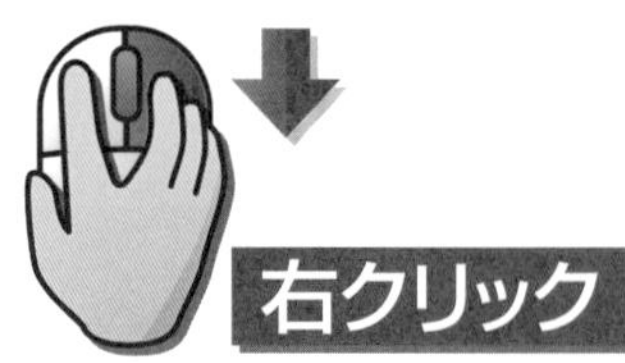

2 メニューが表示されます

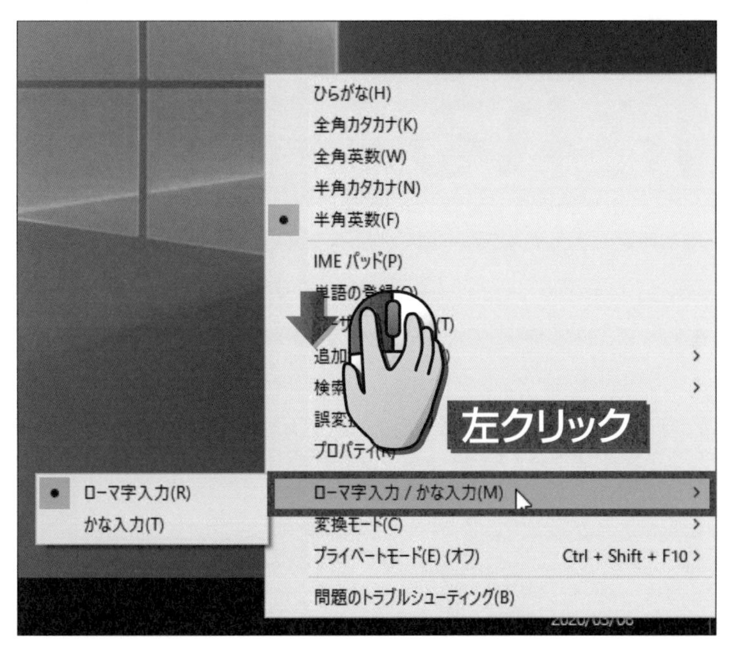

表示されるメニューの

ローマ字入力 / かな入力(M) に

カーソル を移動して、

左クリックします。

ポイント!

Alt ＋ カタカナ ひらがな キーを押しても、かな入力に切り替えられます。

3 かな入力に変更します

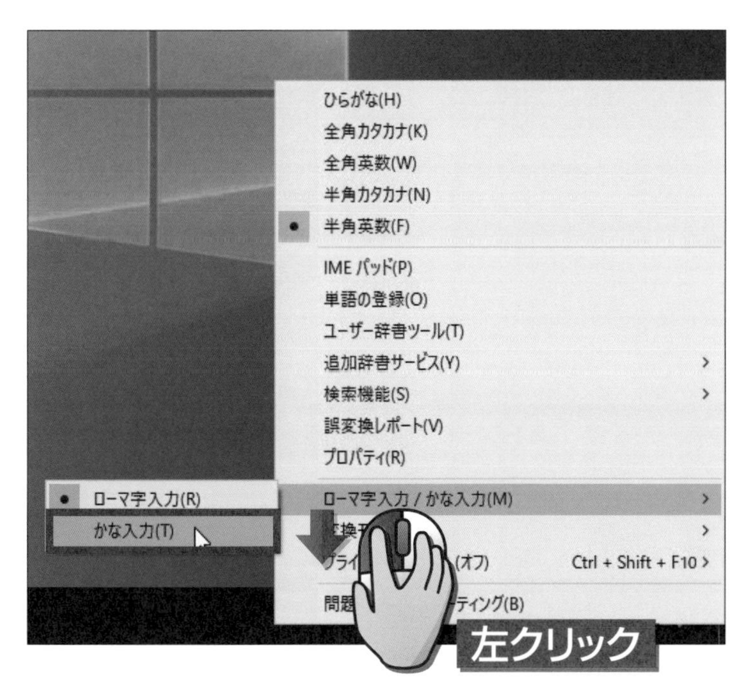

続けて、

かな入力(T) を

左クリックします。

これでかな入力に
切り替わりました。

ポイント!

この方法で ローマ字入力(R) を左クリックすると、ローマ字入力に戻ります。

数字が勝手に入力される

NumLockキーが押されていると、数字の入力が優先されます。
NumLockキーを確認します。

NumLockキーを押します

数字が勝手に入力される場合は、NumLock（ナムロック）という機能が働いています。

ナムロック
Num Lock キーもしくは、

Fn　ナムロック
Fn キーと Num Lock キーを同時に押します。

NumLockが解除され、通常の文字が入力できます。

ポイント！

テンキーで数字が入力できない場合も、同様に解決します。

アルファベットの大文字が入力される

CapsLockキーが押されていると、大文字入力が優先されます。
CapsLockキーを確認します。

CapsLockキーを押します

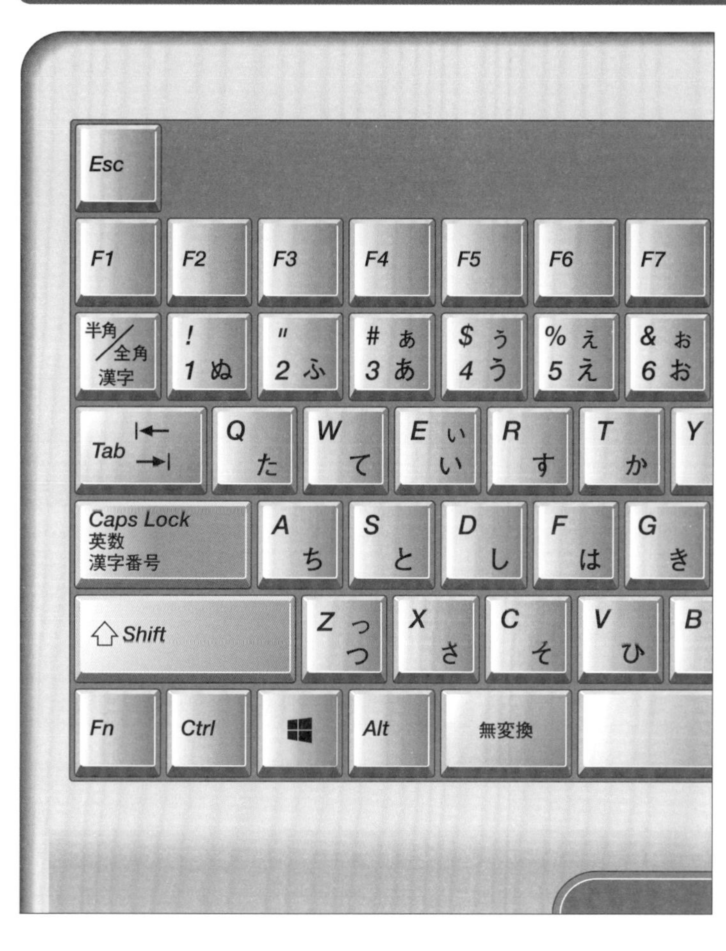

アルファベットの大文字が勝手に入力される場合は、CapsLock（キャプスロック）という機能が働いています。

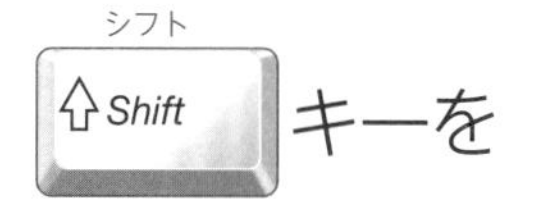

キーを押しながら

キーを押します。

CapsLockが解除され、小文字が入力できるようになります。

Microsoft アカウントとは

Microsoft アカウントを取得すると、Windows 10をより便利に利用できます。
ここではMicrosoft アカウントとは何かについて知りましょう。

アカウントとは

パソコンやインターネットでは、利用者を区別するために
アカウントというしくみを使っています。
Windows 10のアカウントには、**ローカルアカウント**と
Microsoft アカウントの２種類があります。

● ローカルアカウント

ほとんどの機能を利用できますが、一部の機能が利用できなかったり、アプリの追加ができない場合があります。

● Microsoft アカウント

Windows 10にアプリを追加できます。また、プロバイダーのメールアドレスを持っていなくても、「メール」アプリを使ってメールのやり取りを行うことができます。

Microsoftアカウントを取得する

Microsoftアカウントを取得するためには、一定の手順が必要です。なお、Microsoftアカウントの取得に、費用は一切かかりません。

● Microsoftアカウントの取得に必用な手順

1 アカウントの名前を設定する

2 パスワードを設定する

3 電話番号などの必要事項を入力する

Microsoftアカウントを取得しなくても、この本を読む上では問題ありません。必要ない人は取得しなくてもよいですよ！

Microsoftアカウントを取得すると、無料でアプリを追加することができます！

Microsoftアカウントを取得する準備をしよう

Microsoft アカウントを取得する準備を始めましょう。
最初に、現在のパソコンの設定を確認します。

1 設定画面を表示します

スタートボタン を 左クリックします。

ユーザーアカウント を 左クリックします。

を 左クリックします。

2 現在の設定を確認します

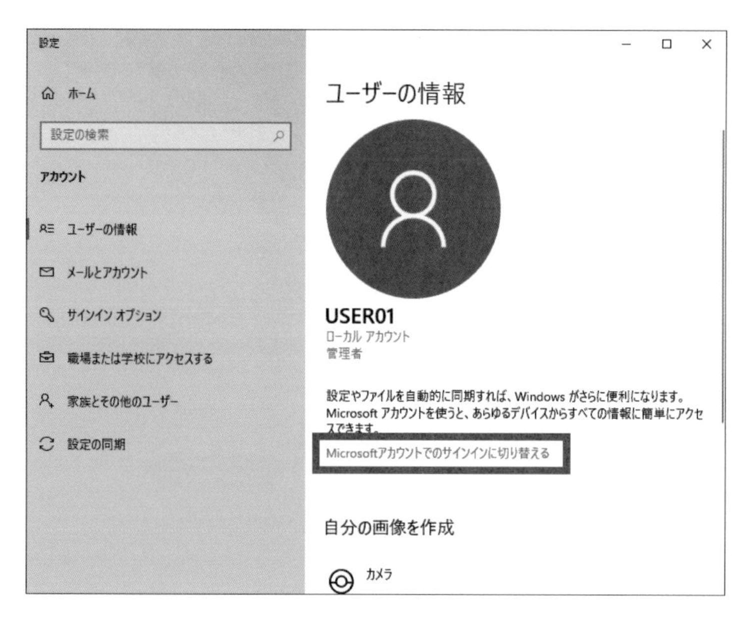

Microsoftアカウントでのサインインに切り替える と表示されている場合は、196ページに進みます。

ローカル アカウントでのサインインに切り替える と表示されている場合は、下の「コラム」を参照してください。

コラム 「ローカルアカウントでのサインインに切り替える」と表示されたら

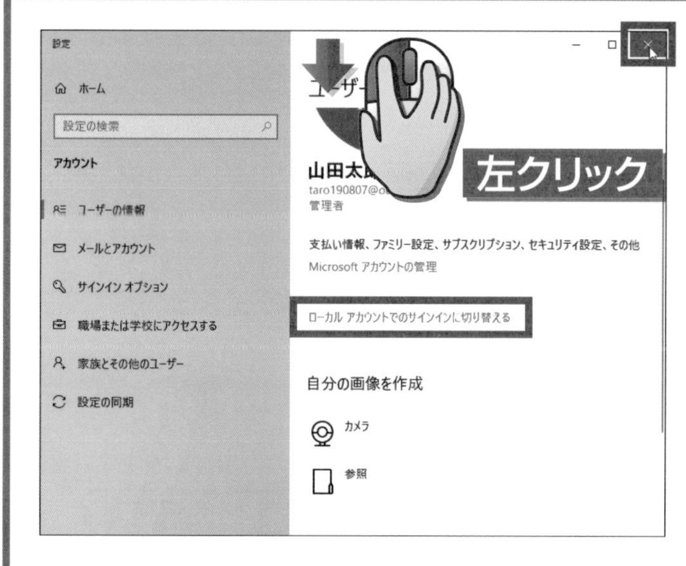

ローカル アカウントでのサインインに切り替える と表示されている場合は、Microsoft アカウントをすでに取得済みです。

閉じる ✕ を左クリックして、操作を終了します。

Microsoftアカウントを取得しよう

ここでは、Microsoftアカウントを新規に取得する手順を解説します。
ここで取得するメールアドレスが、Microsoftアカウントになります。

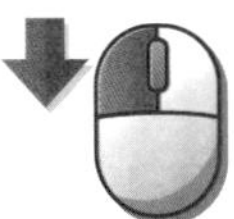
左クリック ▶P.017

回転 ▶P.014

入力 ▶P.028

1 アカウントを作成する準備をします

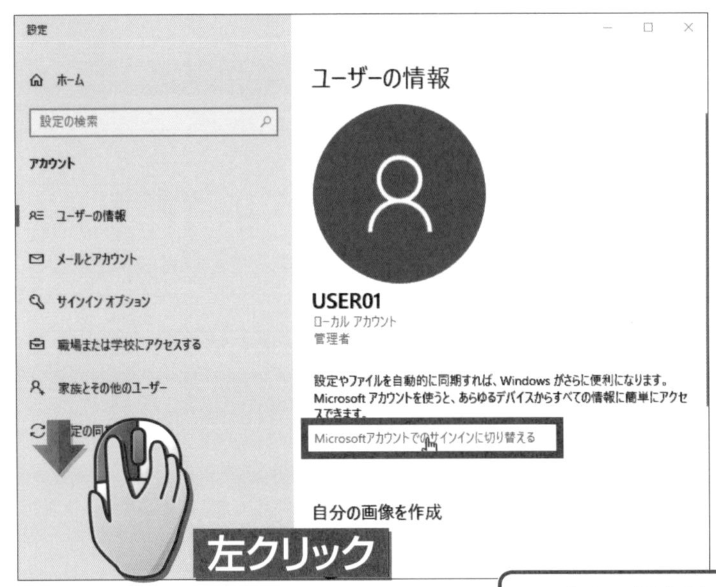

前ページからの続きです。

Microsoftアカウントでのサインインに切り替える を

左クリックします。

ここからの操作は、パソコンをインターネットに接続している必要があります！

2 「作成」を左クリックします

Microsoft

サインイン

メール、電話、または Skype

アカウントをお持ちでない場合、作成できます。

ユーザー名を忘れた場合

次へ

左クリック

作成 を

ポイント!

ここから先、Microsoftアカウントとして設定するメールアドレスやパスワードは、忘れないようにメモしておきましょう。

3 新しいメールアドレスを取得します

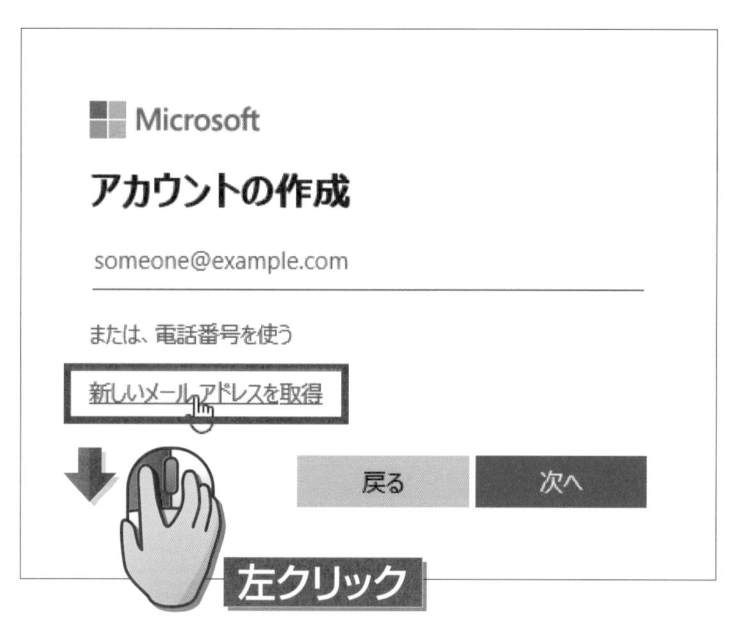

新しいメール アドレスを取得 に

カーソル を移動して、

左クリックします。

次へ >>>>

4 新しいメールアドレスを指定します

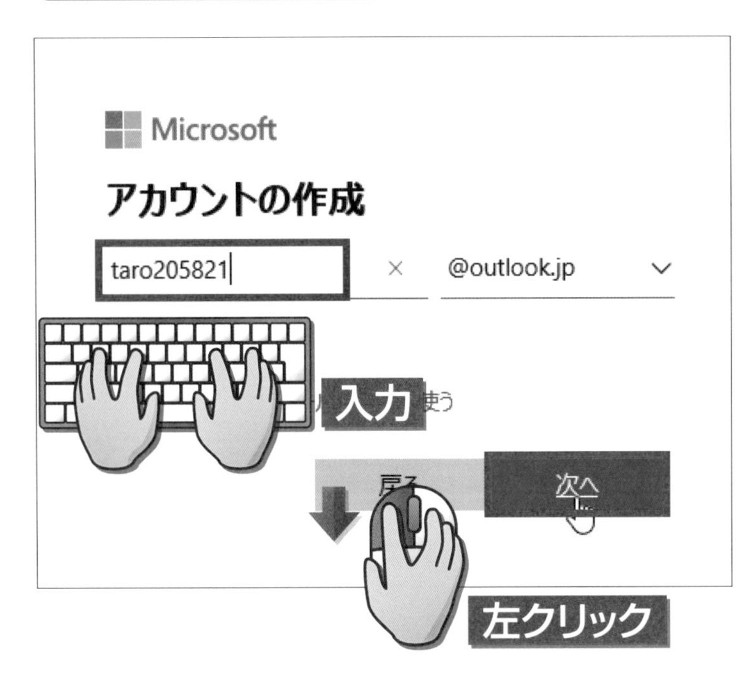

新しいメール に、
名前と数字を
組み合わせた文字列を
半角英数字で
入力します。

次へ を
左クリックします。

5 パスワードを指定します

パスワードの作成 に、
数字とアルファベットを
組み合わせた
8文字以上の文字列を
半角英数字で
入力します。

次へ を

左クリックします。

6 名前を入力します

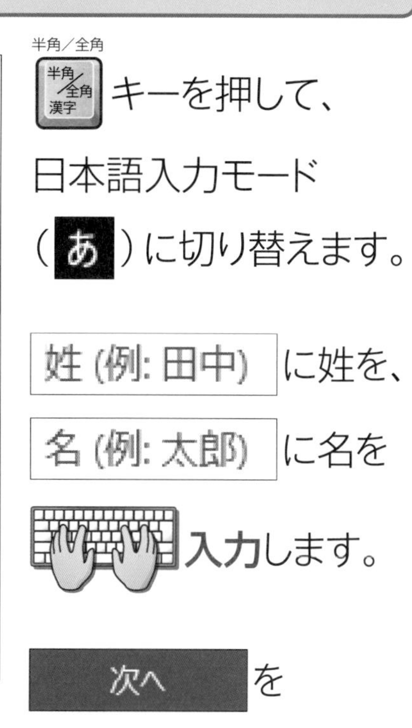

キーを押して、日本語入力モード（あ）に切り替えます。

姓 (例: 田中) に姓を、名 (例: 太郎) に名を入力します。

次へ を左クリックします。

7 国や地域を確認します

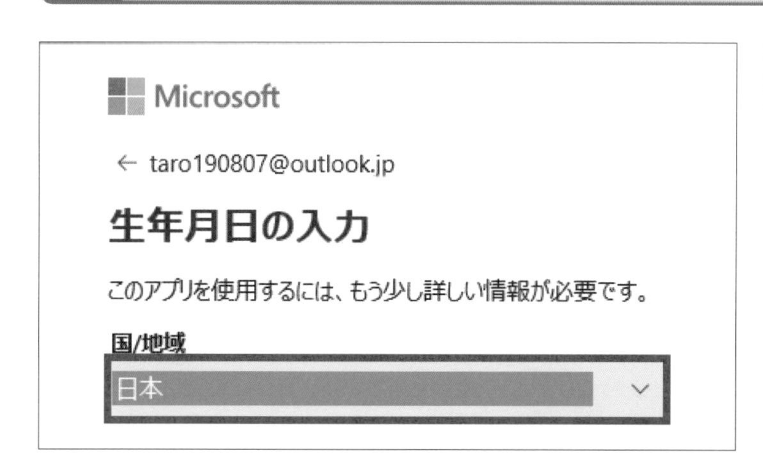

国/地域 の表示が「日本」になっていることを確認します。

次へ ›››

8 生年月日を指定します

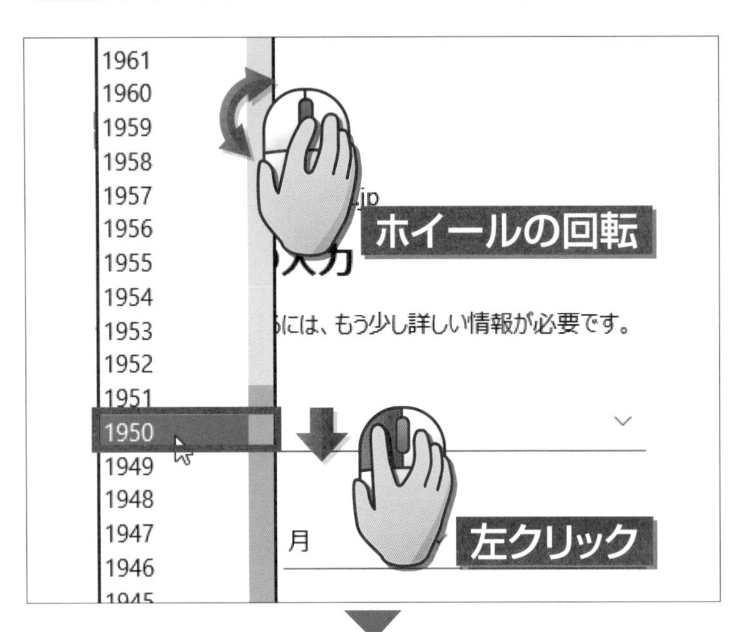

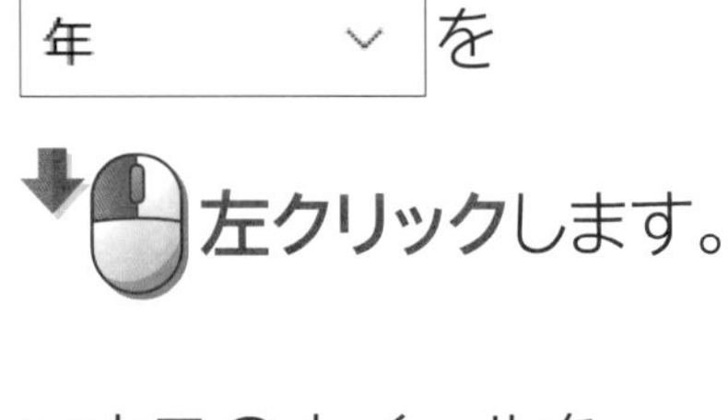

年 を

左クリックします。

マウスのホイールを

回転して、

生まれた年を

左クリックします。

生年月日の入力

このアプリを使用するには、もう少し詳しい情報が必要です。

国/地域

日本

生年月日

1950 8月 1日

同様に、生まれた

月 と

日 を

指定します。

国/地域

日本

生年月日

1950 8月 1日

次へ

左クリック

次へ を

左クリックします。

9 電話番号を入力します

Microsoft

← taro205821@outlook.jp

セキュリティ情報の追加

お客様がご本人であることを証明する必要があるとき、またはお客様のアカウントに変更が加えられたときには、お客様のセキュリティ情報を使ってご連絡いたします。

電話番号の確認にご使用いただくコードを SMS 送信します。

国コード

日本 (+81)

入力

電話番号

0900000XXXX ×

コードの送信

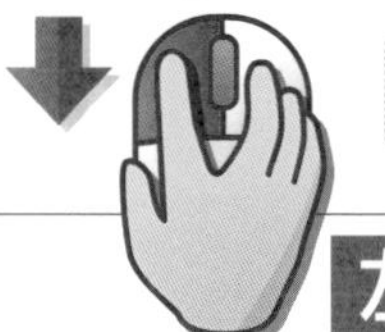

次へ

左クリック

左の画面になったら、

電話番号 に

すぐに利用できる

携帯電話の番号を

入力します。

コードの送信 を

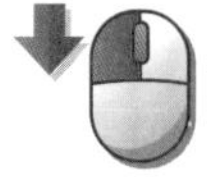左クリックします。

ポイント！

左の画面が表示されない場合、次ページの手順 11 に進みます。

次へ >>>

コラム 入力する電話番号について

手順 9 で携帯電話の番号を入力すると、SMS（ショートメッセージサービス）でコードが送られてきます。必ず携帯電話が手元にある状態で操作しましょう。

10 コードを入力します

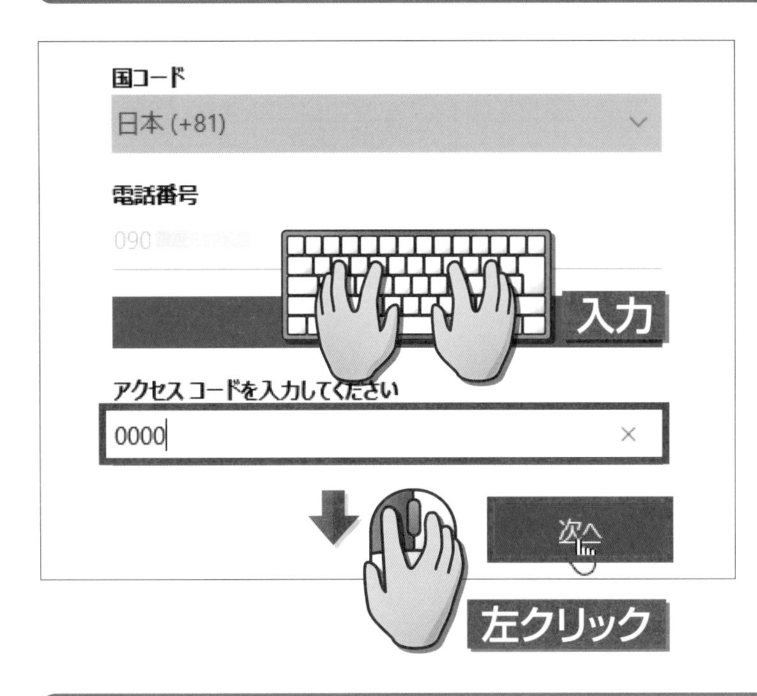

前ページで入力した電話番号に届いたコードを

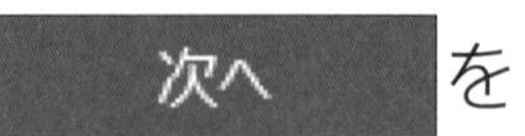

を

11 現在のパスワードを入力します

Microsoft

taro205821@outlook.jp

Microsoft アカウントを使用してこのコンピューターにサインインする

次回このコンピュー… rosoft アカウント パスワードを… を設定している場合はそれを… 最後にもう一度、現… ます。

入力

次へ

現在パソコンを起動するときに入力しているパスワードを

ポイント！

パスワードを設定していない場合は、そのまま 次へ を左クリックします。

12 画面を次へ進めます

Microsoft

taro205821@outlook.jp

Microsoft アカウントを使用してこのコンピューターにサインインする

次回このコンピューターにサインインするときに Microsoft アカウント パスワードを使用するか、Windows Hello を設定している場合はそれを使用します。
最後にもう一度、現在の Windows パスワードが必要になります。

次へ を

13 PINを作成します

Microsoft アカウント

PIN を作成します

秒単位で作成できて、高速かつ安全なサインインを可能にするものは何でしょう。Windows Hello PIN です。これはご使用のデバイスでのみ機能するので、Web からは切り離されています。

左クリック 次へ

左の画面が表示されたら、

を

ポイント!

PINとは、パソコンにサインインするときに、パスワードの代わりに使う暗証番号です。4桁以上の数字を指定できます。

次へ >>>

14 PINの数字を入力します

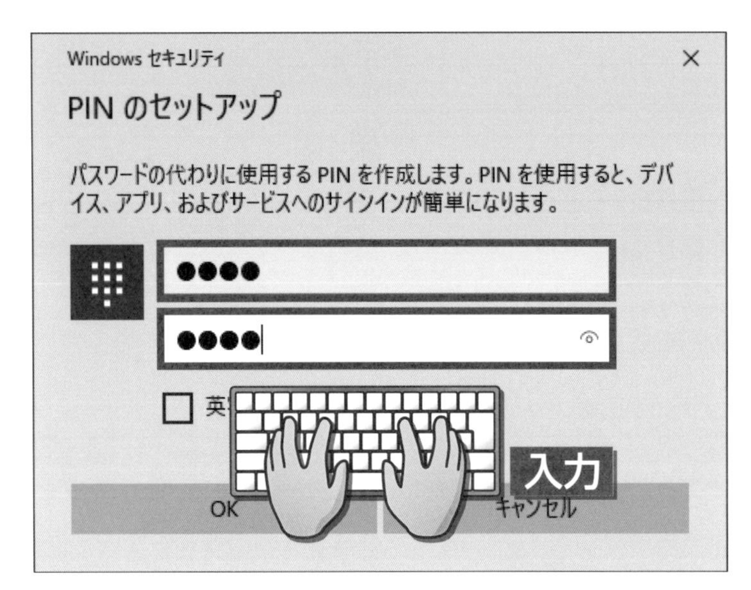

に、

PINに設定する
4桁以上の数字を
入力します。

に、

同じ数字を
入力します。

15 PINを設定します

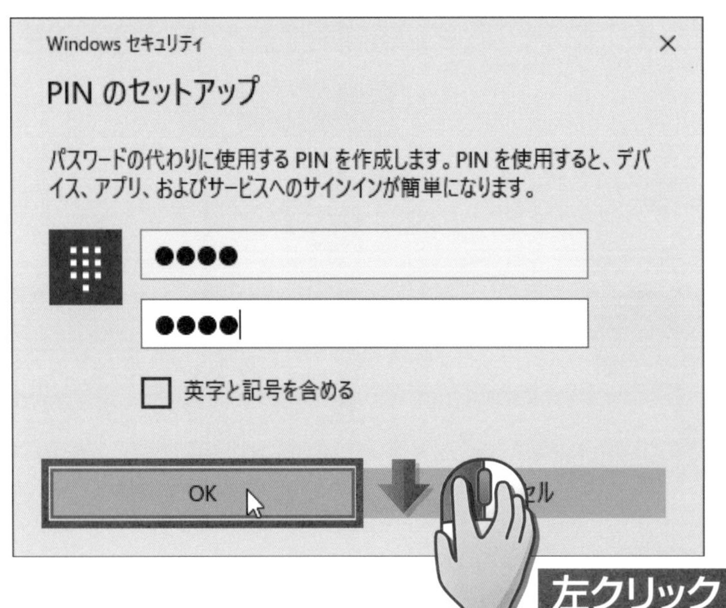

OK を

左クリックします。

ポイント!

PINに設定した数字は、忘れないようにメモしておきましょう。

16 設定画面に戻ります

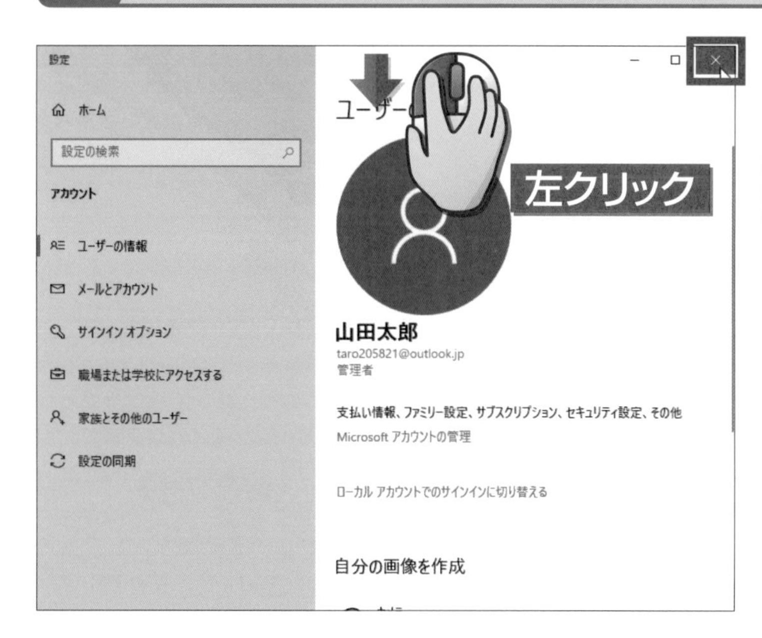

設定画面に戻ります。

閉じる ✕ を

これで、
Microsoft アカウントを
取得できました。

コラム 次回以降サインインするときは

PINの設定後、次にパソコンを起動するときは、
パソコンを起動すると表示されるサインイン画面で、

PIN に

PINの数字を

入力します。

Microsoftアカウントのパスワードを忘れた

Microsoft アカウントのパスワードを忘れた場合は、パスワードを再設定します。新しいパスワードは、忘れないようにしましょう。

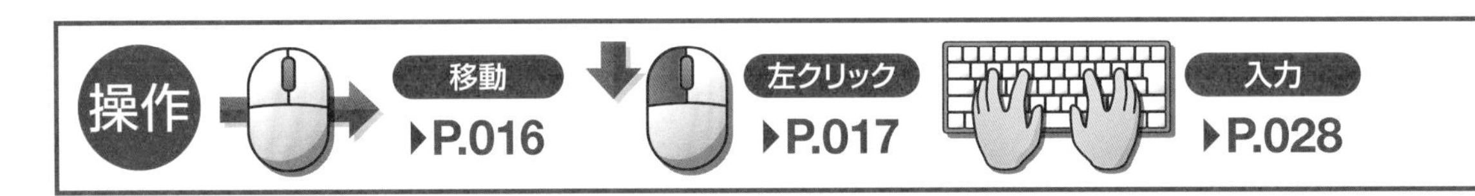

1 パスワードを忘れた場合を選びます

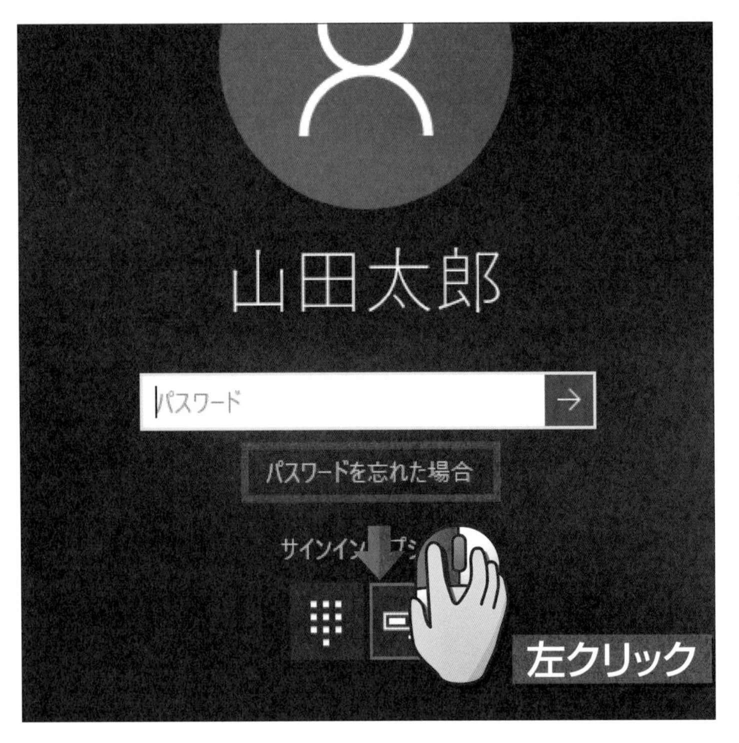

パソコンを起動します。

左の画面が表示されたら、

パスワードを忘れた場合 を

左クリックします。

ポイント！

違う画面が表示されている場合は、サインイン オプション を左クリックし、を左クリックします。

2 コードの受け取り方法を確認します

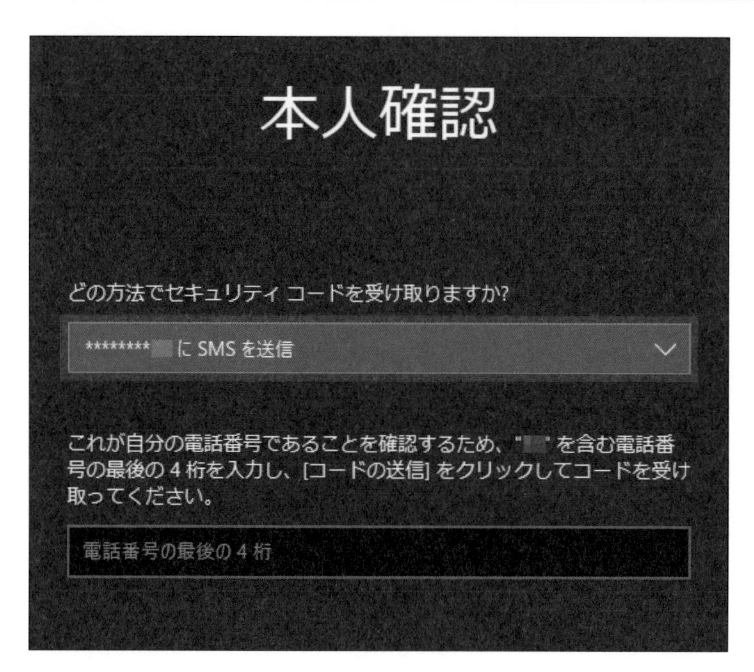

左の画面が表示されたら、SMSのコードを受け取る番号が指定されていることを確認します。

ポイント！

本人確認をするためのコードを携帯電話で受け取ります。Microsoftアカウントを取得したときに指定した電話番号（195ページ）で受信します。

3 末尾の番号を入力します

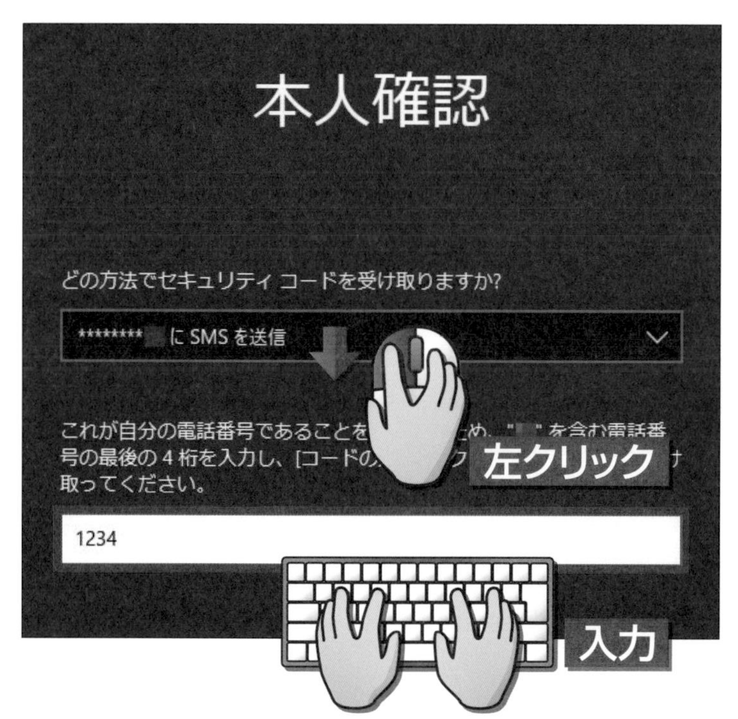

電話番号の最後の 4 桁 を左クリックします。

送信先の電話番号の、最後の4桁を入力します。

次へ >>>

4 コードを取得します

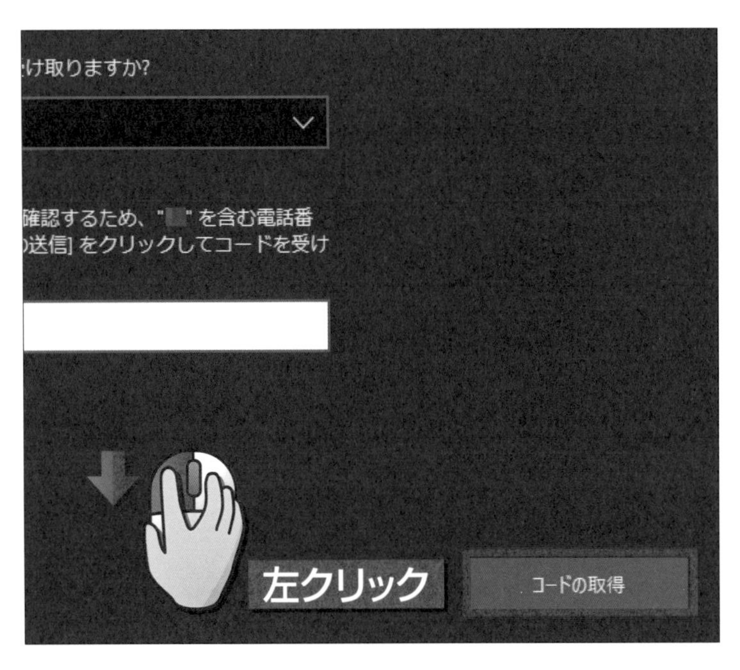

に

カーソルを移動して、

左クリックします。

5 コードを入力します

前ページで確認した
SMSのコードを
受け取る電話番号に、
コードが届きます。

に、

受信したコードを

入力します。

6 画面を次へ進めます

次へ に

カーソル を移動して、

左クリックします。

7 新しいパスワードを入力します

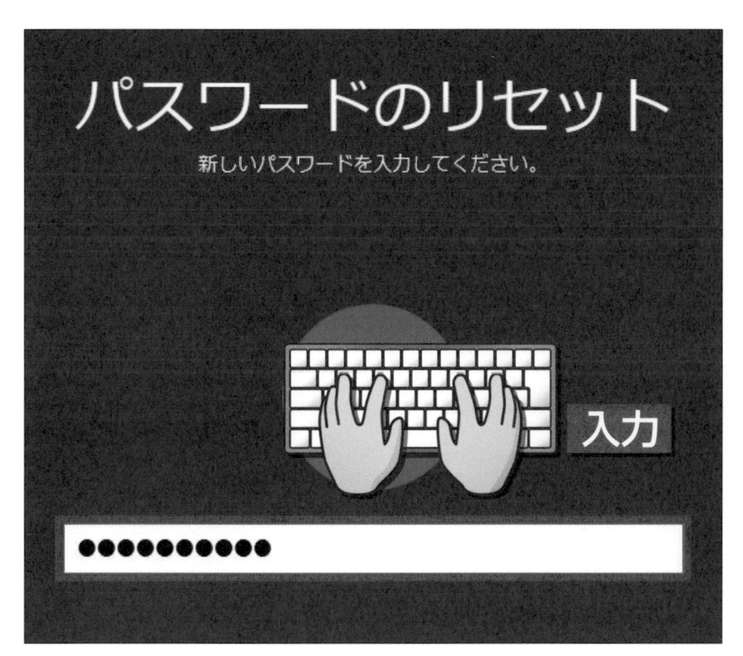

パスワードの作成 に、

新しいパスワードを

入力します。

ポイント！

新しく設定するパスワードは、忘れないようにメモしておきましょう。

8 画面を次へ進めます

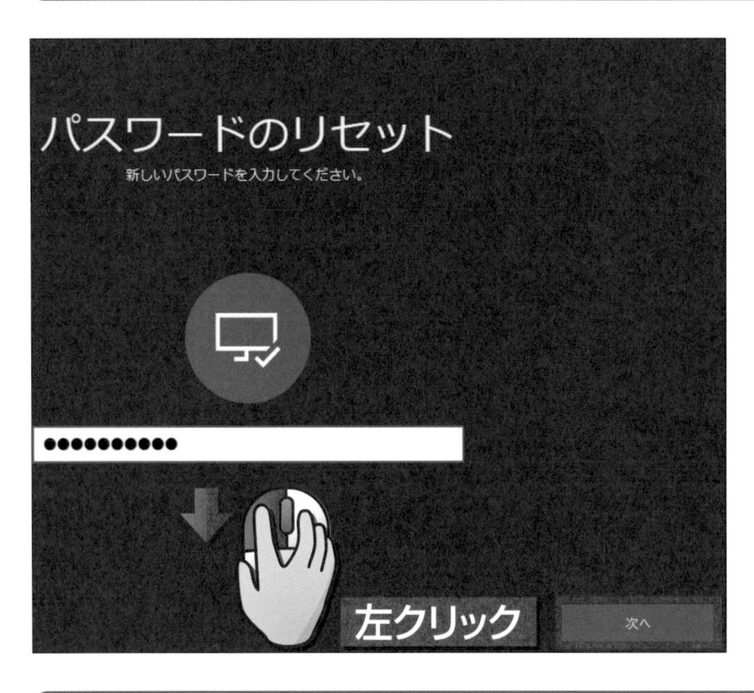

に

カーソルを移動して、

左クリックします。

9 新しいパスワードが設定されます

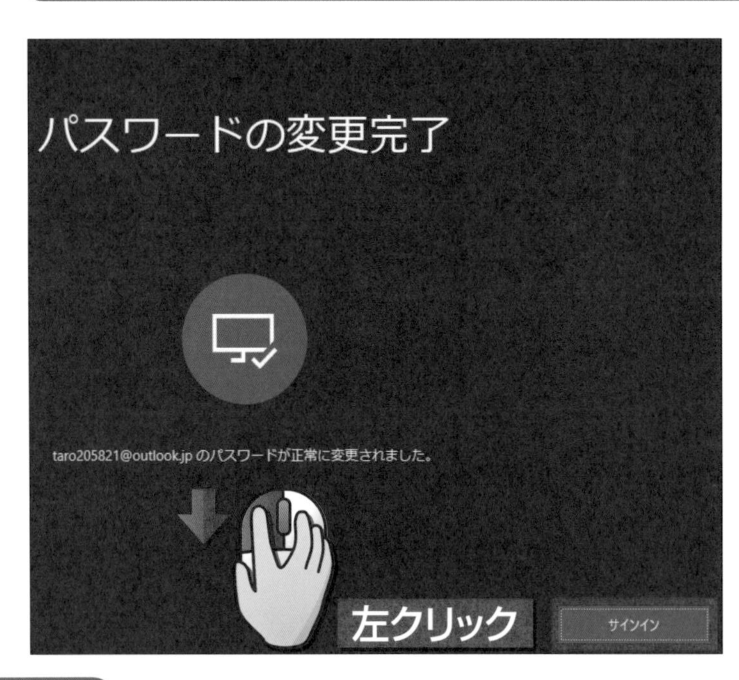

新しいパスワードが設定されました。

に

カーソルを移動して、

左クリックします。

10 パスワードを入力します

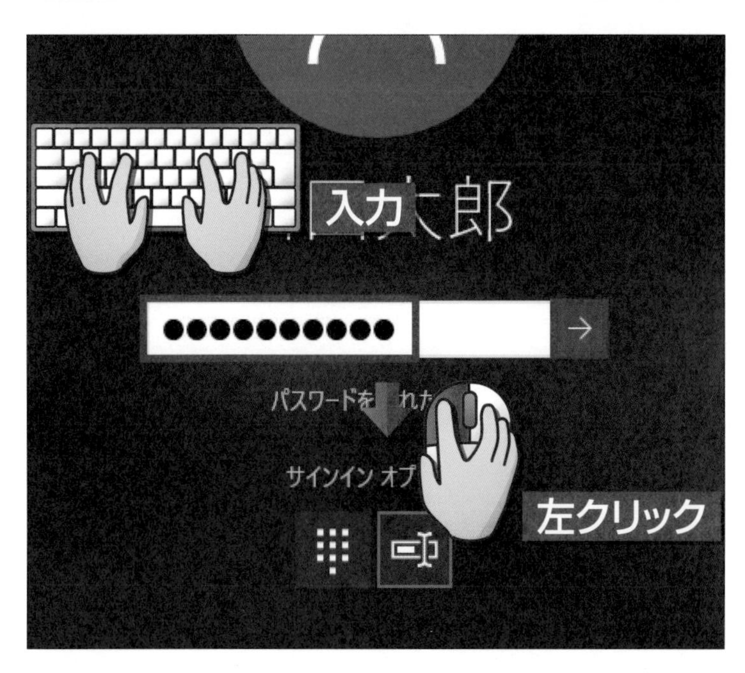

元の画面に戻ります。

新しいパスワードを

入力して、

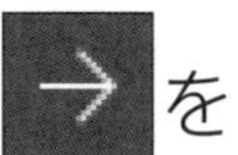を

左クリックします。

11 パソコンが起動しました

パソコンが起動し、デスクトップ画面が表示されます。

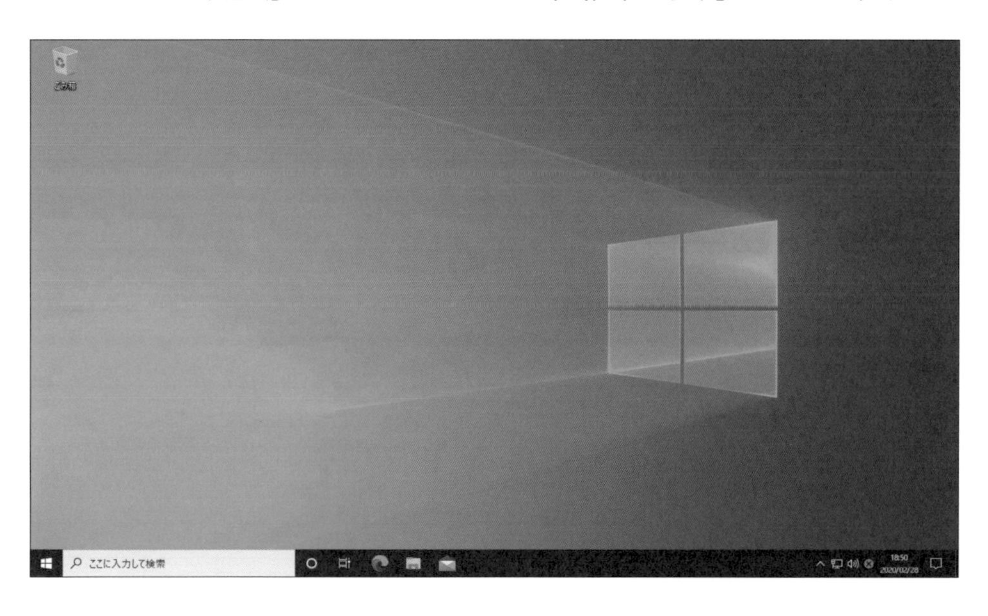

「メール」の詳細設定をしよう

134ページの方法でメールの設定ができない場合は、メールの詳細設定が必要です。プロバイダーの資料を手元に用意して設定しましょう。

操作 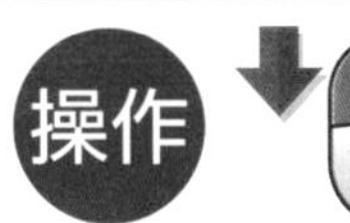  

1 メールのアカウントを追加します

134ページの方法で、メールのアカウントを追加します。

左の画面が表示されたら、

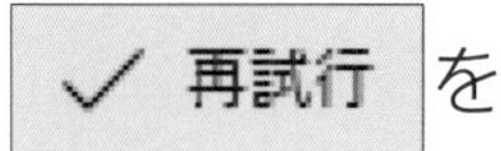

を

2 詳細設定画面が表示されます

前のページで何度か

✓ 再試行 を

左クリックしても

設定できない場合は、
左の画面に
切り替わります。

3 詳細を設定します

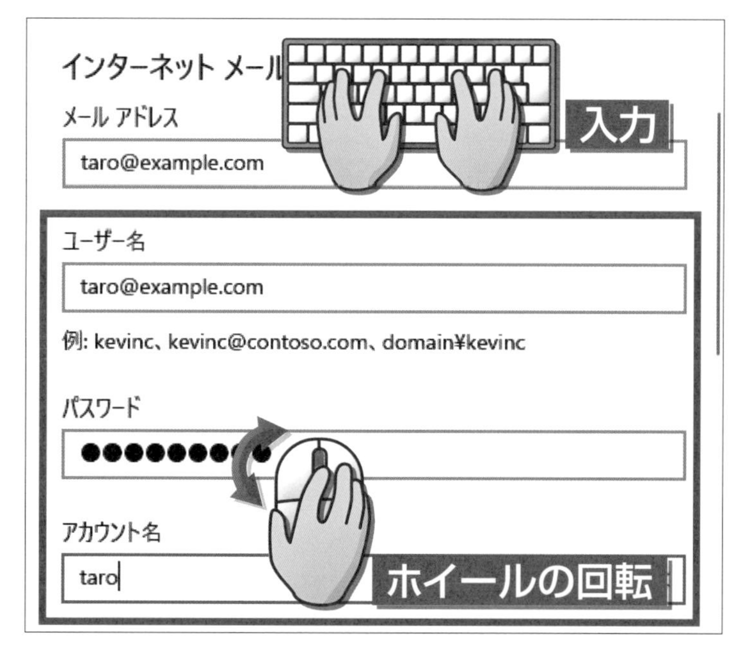

ここからは、
プロバイダーの
資料を見て必要事項を
入力します。

マウスのホイールを

回転します。

次へ >>>

4 サインインします

画面の下の方が
表示されるので、
残りの必要事項を

入力します。

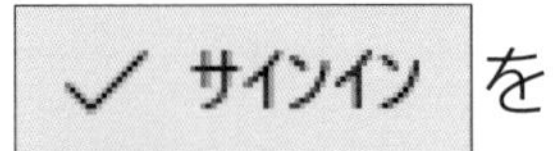を

5 設定が完了します

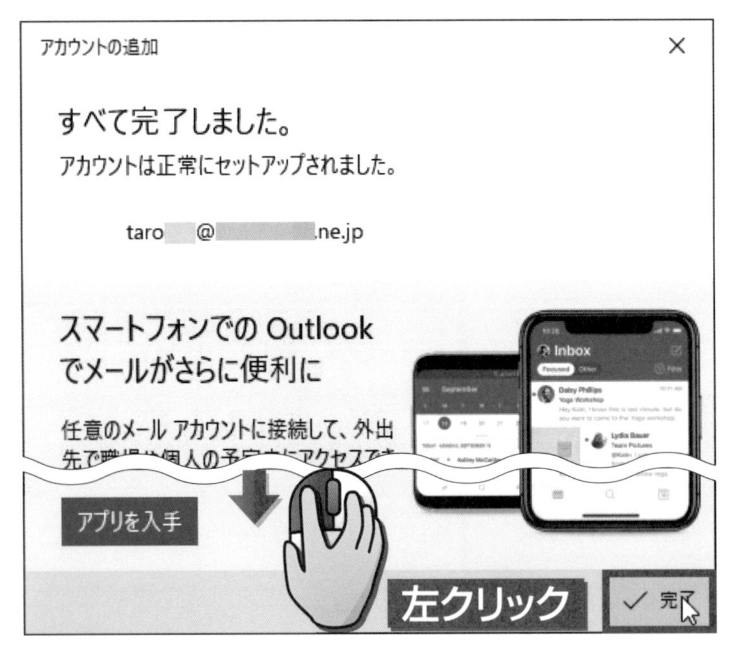

設定が完了します。

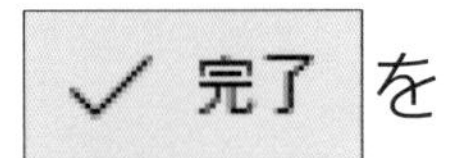を

コラム メールの設定ができなかった場合

プロバイダーによっては、Windows 10の「メール」アプリを使うことが困難な場合があります。
ここで解説した方法でも設定できない場合は、**契約しているプロバイダーに連絡**し、Windows 10の**「メール」アプリの設定方法**を確認してください。

プロバイダーに連絡しても解決しない場合は、プロバイダーのメールアドレスではなく、192ページで解説しているMicrosoftアカウントを取得する方法があります。
Microsoftアカウントを取得すれば、「メール」の起動時にMicrosoftアカウントの項目が表示されます。**Microsoftアカウントの項目を左クリック**すると、「メール」の設定が完了して「メール」を利用できます。

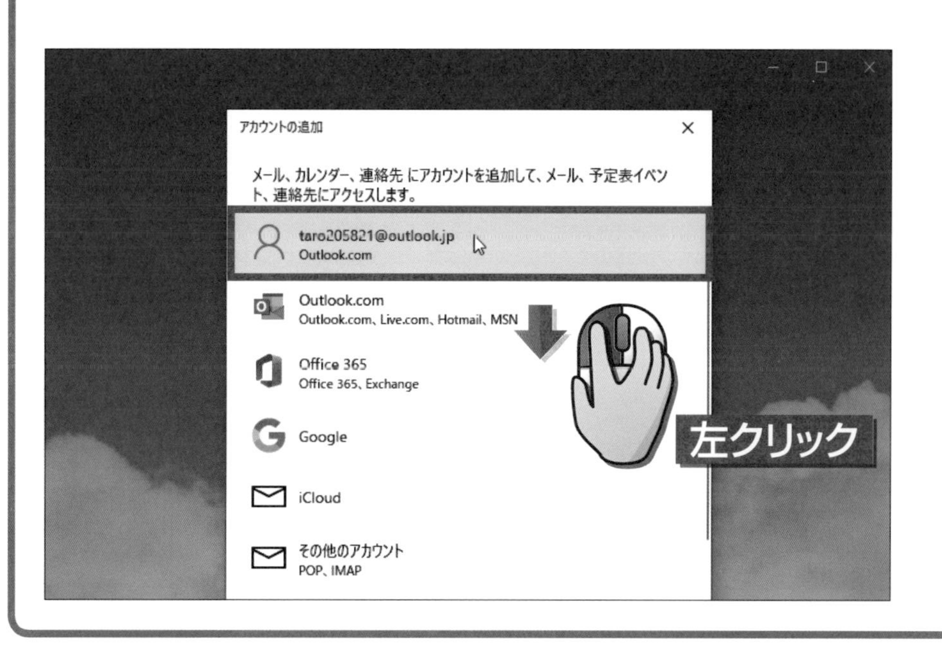

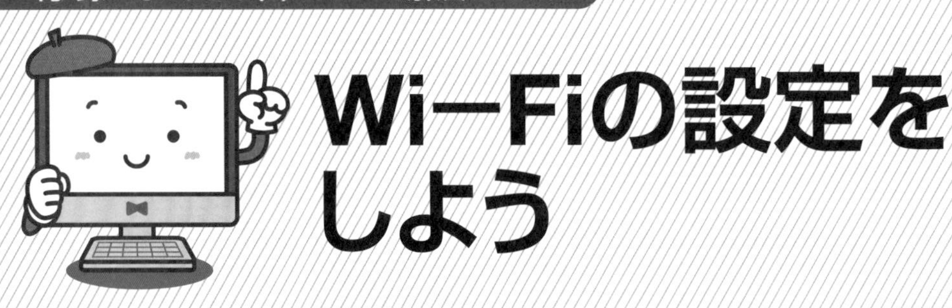

Wi-Fiの設定をしよう

Wi-Fi（37ページ）に接続するには、設定が必要です。
ネットワーク名を確認し、パスワードを入力して設定します。

1 Wi-Fiに接続する準備をします

タスクバーの右側の  を

 左クリックします。

ポイント！

Wi-Fiのネットワーク名（SSID）やパスワード（暗号化キー）は、使用しているWi-Fiルーターの説明書などを見て確認してください。外出先のカフェなどのWi-Fiを使う場合は、お店の人に確認します。

2 Wi-Fiに接続する設定をします

接続するネットワークに カーソル を移動して、

左クリックします。

接続 を

左クリックします。

ネットワーク セキュリティ キーの入力

の下にパスワードを

入力します。

次へ >>>

3 設定を完了します

左の画面が表示されたら、

次へ を

左クリックします。

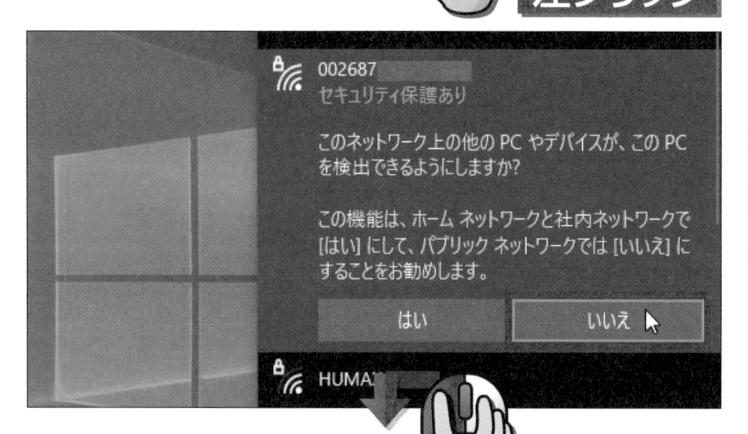

左の画面が表示されたら、

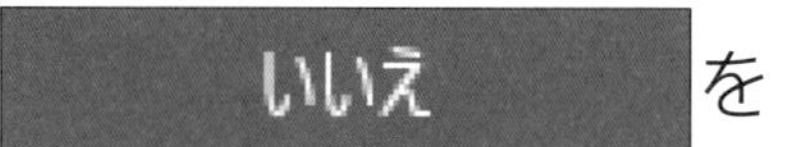
いいえ を

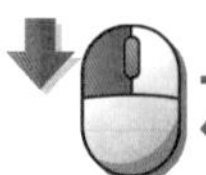
左クリックします。

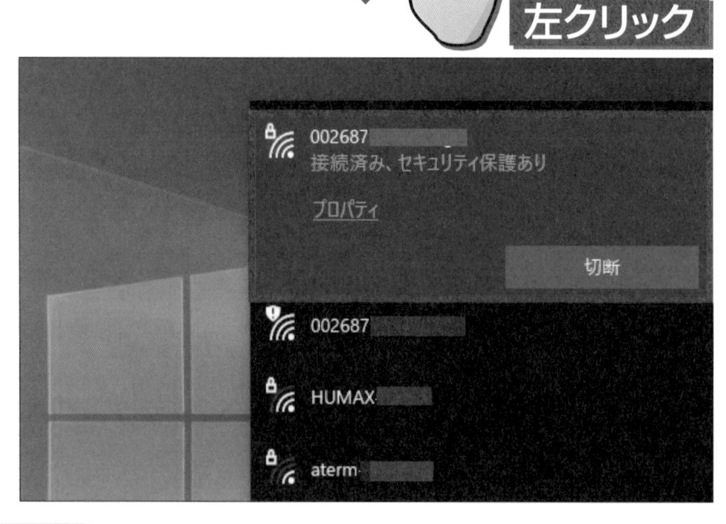

ネットワークに
接続できました。

デスクトップの
何もないところを

左クリックして、

設定画面を閉じます。

索引

さ行

た行

な行

は行

ま行

や・ら行

問い合わせについて

本書に関するご質問については、本書に記載されている内容に関するもののみとさせていただきます。本書の内容と関係のないご質問につきましては、一切お答えできませんので、あらかじめご了承ください。また、電話でのご質問は受け付けておりませんので、必ずFAXか書面にて下記までお送りください。
なお、ご質問の際には、必ず以下の項目を明記していただきますよう、お願いいたします。

1 お名前
2 返信先の住所またはFAX番号
3 書名
4 本書の該当ページ
5 ご使用のOSのバージョン
6 ご質問内容

FAX

1 **お名前**
技術　太郎
2 **返信先の住所または FAX 番号**
03-XXXX-XXXX
3 **書名**
今すぐ使えるかんたん
ぜったいデキます！
インターネット＆メール超入門
〔Windows 10 対応版〕〔改訂 2 版〕
4 **本書の該当ページ**
76 ページ
5 **ご使用の OS のバージョン**
Windows 10
6 **ご質問内容**
地図を印刷できない。

問い合わせ先

〒162-0846 新宿区市谷左内町21-13
株式会社技術評論社 書籍編集部

「今すぐ使えるかんたん　ぜったいデキます！
インターネット&メール超入門
[Windows 10対応版] [改訂2版]」質問係
FAX.03-3513-6167

なお、ご質問の際に記載いただいた個人情報は、ご質問の返答以外の目的には使用いたしません。また、ご質問の返答後は速やかに破棄させていただきます。

著者
門脇香奈子（かどわきかなこ）

カバー・本文イラスト／本文デザイン
イラスト工房（株式会社アット）
●イラスト工房ホームページ
https://www.illust-factory.com/

カバーデザイン
田邉恵里香

DTP
（株）技術評論社　制作業務課

編集
大和田洋平
●サポートホームページ
https://book.gihyo.jp/116

今すぐ使えるかんたん　ぜったいデキます！
インターネット&メール超入門
[Windows 10対応版] [改訂2版]

2015年11月10日　初　版　第1刷発行
2020年 5 月 6 日　第2版　第1刷発行

著　者　門脇香奈子
発行者　片岡　巌
発行所　株式会社技術評論社
東京都新宿区市谷左内町21-13
電話　03-3513-6150　販売促進部
03-3513-6160　書籍編集部
印刷／製本　大日本印刷株式会社

定価はカバーに表示してあります。

ISBN978-4-297-11237-0 C3055
Printed in Japan